U0336805

同济博士论丛
TONGJI Dissertation Series

总主编 伍 江 副总主编 雷星晖

董 玥 王国建 著

采用"叠氮法"实现聚合物
修饰碳纳米管的研究

Study on Preparation of Polymer Modified Carbon
Nanotubes with Azidization

同济大学 出版社
TONGJI UNIVERSITY PRESS

内 容 提 要

　　本书探索了 CNTs 表面化学修饰的可行方法,并进一步利用这种通用的方法,通过分子设计,在 CNTs 表面接入不同类型的聚合物,研究聚合物结构对 CNTs 表面性能的影响。然后,利用这种方法实现 CNTs 的功能化,制备了羟基化 CNTs,以扩链剂的形式参与聚氨酯材料的合成中,获得 CNTs∕聚氨酯复合材料。

　　本书适合相关专业高校师生、研究人员阅读参考使用。

图书在版编目(CIP)数据

　　采用"叠氮法"实现聚合物修饰碳纳米管的研究 / 董玥,王国建著. —上海:同济大学出版社,2018.10
　　(同济博士论丛 / 伍江总主编)
　　ISBN 978 - 7 - 5608 - 8147 - 8

　　Ⅰ. ①采… Ⅱ. ①董… ②王… Ⅲ. ①碳—纳米材料 —研究 Ⅳ. ①TB383

　　中国版本图书馆 CIP 数据核字(2018)第 208242 号

采用"叠氮法"实现聚合物修饰碳纳米管的研究
董　玥　王国建　著

出 品 人	华春荣	责任编辑	冯寄湘　胡晗欣
责任校对	谢卫奋	封面设计	陈益平

出版发行　同济大学出版社　　www.tongjipress.com.cn
　　　　　(地址:上海市四平路 1239 号　邮编:200092　电话:021 - 65985622)
经　　销　全国各地新华书店
排版制作　南京展望文化发展有限公司
印　　刷　浙江广育爱多印务有限公司
开　　本　787 mm×1092 mm　　1/16
印　　张　11
字　　数　220 000
版　　次　2018 年 10 月第 1 版　　2018 年 10 月第 1 次印刷
书　　号　ISBN 978 - 7 - 5608 - 8147 - 8

定　　价　58.00 元

"同济博士论丛"编写领导小组

"同济博士论丛"编辑委员会

袁万城　莫天伟　夏四清　顾　明　顾祥林　钱梦騄
徐　政　徐　鉴　徐立鸿　徐亚伟　凌建明　高乃云
郭忠印　唐子来　阎耀保　黄一如　黄宏伟　黄茂松
戚正武　彭正龙　葛耀君　董德存　蒋昌俊　韩传峰
童小华　曾国苏　楼梦麟　路秉杰　蔡永洁　蔡克峰
薛　雷　霍佳震

秘书组成员：谢永生　赵泽毓　熊磊丽　胡晗欣　卢元姗　蒋卓文

总　序

　　在同济大学110周年华诞之际,喜闻"同济博士论丛"将正式出版发行,倍感欣慰。记得在100周年校庆时,我曾以《百年同济,大学对社会的承诺》为题作了演讲,如今看到付梓的"同济博士论丛",我想这就是大学对社会承诺的一种体现。这110部学术著作不仅包含了同济大学近10年100多位优秀博士研究生的学术科研成果,也展现了同济大学围绕国家战略开展学科建设、发展自我特色,向建设世界一流大学的目标迈出的坚实步伐。

　　坐落于东海之滨的同济大学,历经110年历史风云,承古续今、汇聚东西,秉持"与祖国同行、以科教济世"的理念,发扬自强不息、追求卓越的精神,在复兴中华的征程中同舟共济、砥砺前行,谱写了一幅幅辉煌壮美的篇章。创校至今,同济大学培养了数十万工作在祖国各条战线上的人才,包括人们常提到的贝时璋、李国豪、裘法祖、吴孟超等一批著名教授。正是这些专家学者培养了一代又一代的博士研究生,薪火相传,将同济大学的科学研究和学科建设一步步推向高峰。

　　大学有其社会责任,她的社会责任就是融入国家的创新体系之中,成为国家创新战略的实践者。党的十八大以来,以习近平同志为核心的党中央高度重视科技创新,对实施创新驱动发展战略作出一系列重大决策部署。党的十八届五中全会把创新发展作为五大发展理念之首,强调创新是引领发展的第一动力,要求充分发挥科技创新在全面创新中的引领作用。要把创新驱动发展作为国家的优先战略,以科技创新为核心带动全面创新,以体制机制改革激发创新活力,以高效率的创新体系支撑高水平的创新型国家建设。作为人才培养和科技创新的重要平台,大学是国家创新体系的重要组成部分。同济大学理当围绕国家战略目标的实现,作出更大的贡献。

大学的根本任务是培养人才,同济大学走出了一条特色鲜明的道路。无论是本科教育、研究生教育,还是这些年摸索总结出的导师制、人才培养特区,"卓越人才培养"的做法取得了很好的成绩。聚焦创新驱动转型发展战略,同济大学推进科研管理体系改革和重大科研基地平台建设。以贯穿人才培养全过程的一流创新创业教育助力创新驱动发展战略,实现创新创业教育的全覆盖,培养具有一流创新力、组织力和行动力的卓越人才。"同济博士论丛"的出版不仅是对同济大学人才培养成果的集中展示,更将进一步推动同济大学围绕国家战略开展学科建设、发展自我特色、明确大学定位、培养创新人才。

面对新形势、新任务、新挑战,我们必须增强忧患意识,扎根中国大地,朝着建设世界一流大学的目标,深化改革,勠力前行!

万　钢

2017 年 5 月

论丛前言

　　承古续今，汇聚东西，百年同济秉持"与祖国同行、以科教济世"的理念，注重人才培养、科学研究、社会服务、文化传承创新和国际合作交流，自强不息，追求卓越。特别是近20年来，同济大学坚持把论文写在祖国的大地上，各学科都培养了一大批博士优秀人才，发表了数以千计的学术研究论文。这些论文不但反映了同济大学培养人才能力和学术研究的水平，而且也促进了学科的发展和国家的建设。多年来，我一直希望能有机会将我们同济大学的优秀博士论文集中整理，分类出版，让更多的读者获得分享。值此同济大学110周年校庆之际，在学校的支持下，"同济博士论丛"得以顺利出版。

　　"同济博士论丛"的出版组织工作启动于2016年9月，计划在同济大学110周年校庆之际出版110部同济大学的优秀博士论文。我们在数千篇博士论文中，聚焦于2005—2016年十多年间的优秀博士学位论文430余篇，经各院系征询，导师和博士积极响应并同意，遴选出近170篇，涵盖了同济的大部分学科：土木工程、城乡规划学（含建筑、风景园林）、海洋科学、交通运输工程、车辆工程、环境科学与工程、数学、材料工程、测绘科学与工程、机械工程、计算机科学与技术、医学、工程管理、哲学等。作为"同济博士论丛"出版工程的开端，在校庆之际首批集中出版110余部，其余也将陆续出版。

　　博士学位论文是反映博士研究生培养质量的重要方面。同济大学一直将立德树人作为根本任务，把培养高素质人才摆在首位，认真探索全面提高博士研究生质量的有效途径和机制。因此，"同济博士论丛"的出版集中展示同济大学博士研究生培养与科研成果,体现对同济大学学术文化的传承。

"同济博士论丛"作为重要的科研文献资源,系统、全面、具体地反映了同济大学各学科专业前沿领域的科研成果和发展状况。它的出版是扩大传播同济科研成果和学术影响力的重要途径。博士论文的研究对象中不少是"国家自然科学基金"等科研基金资助的项目,具有明确的创新性和学术性,具有极高的学术价值,对我国的经济、文化、社会发展具有一定的理论和实践指导意义。

"同济博士论丛"的出版,将会调动同济广大科研人员的积极性,促进多学科学术交流、加速人才的发掘和人才的成长,有助于提高同济在国内外的竞争力,为实现同济大学扎根中国大地,建设世界一流大学的目标愿景做好基础性工作。

虽然同济已经发展成为一所特色鲜明、具有国际影响力的综合性、研究型大学,但与世界一流大学之间仍然存在着一定差距。"同济博士论丛"所反映的学术水平需要不断提高,同时在很短的时间内编辑出版110余部著作,必然存在一些不足之处,恳请广大学者,特别是有关专家提出批评,为提高同济人才培养质量和同济的学科建设提供宝贵意见。

最后感谢研究生院、出版社以及各院系的协作与支持。希望"同济博士论丛"能持续出版,并借助新媒体以电子书、知识库等多种方式呈现,以期成为展现同济学术成果、服务社会的一个可持续的出版品牌。为继续扎根中国大地,培育卓越英才,建设世界一流大学服务。

伍 江

2017 年 5 月

前　言

　　为了完整地了解碳纳米管（CNTs）以及开发出其更多的潜能，CNTs 的分散稳定性以及与其他材料的复合成为一个研究重点。如能将 CNTs 稳定分散在有机溶剂中，则可以通过乳液聚合或溶液聚合的方法制备出符合要求的复合材料；如能将 CNTs 均匀分散于聚合物基体或前驱体的熔融体中，则可以通过熔融共混或原位聚合的方法制备复合材料。然而，微米级长度的 CNTs 在任何溶剂中均不能良好分散，虽然通过超声波振荡可以将 CNTs 分散在某些溶剂和聚合物基体溶液或熔融体中，但是，一旦停止超声振荡，CNTs 会很快重新团聚沉淀，在制备 CNTs/聚合物复合材料中，超声波振荡并不能发挥很明显的作用。

　　为改善 CNTs 在溶剂中的分散稳定性，将聚合物通过化学反应或物理吸附与 CNTs 结合进行表面修饰（即 CNTs 的表面修饰），从一开始就显示出其诱人的应用前景。同时，通过化学修饰，可以在 CNTs 表面引入特定的功能基团（即 CNTs 的功能化），来制备具有某些特定功能的 CNTs 及其复合材料。

　　本书主要解决两个难题：① 探索 CNTs 表面化学修饰的可行方法，并进一步利用这种通用的方法，通过分子设计，在 CNTs 表面接入不同类型的聚合物,研究聚合物结构对 CNTs 表面性能的影响。② 利用这种方法实现 CNTs 的功能化,制备了羟基化 CNTs,以扩链剂的形式参与到聚氨酯材料的合成中,获得 CNTs/聚氨酯复合材料。其中,前者为本研究的重点,后者为前者的应用尝试。

本书将 C$_{60}$ 化学修饰研究中的"叠氮法"移植到 CNTs 的表面修饰上来,即叠氮基团与 CNTs 表面发生环加成反应,形成 C—N—C 的三元环结构。这种方法在众多 CNTs 表面化学修饰方法中存在两个优势:① 避免对 CNTs 进行酸处理所造成管壁的破坏,从而在表面修饰的同时,保留了其自身结构及性能的完整性。②"叠氮法"作为一种"接入法",可以预先合成所需的聚合物,故其接枝到 CNTs 表面的聚合物分子量和结构都可以确定。

本书的研究在以下诸方面进行了开创性的工作:

(1) 通过原子转移自由基聚合(ATRP)制备一端以溴封端的线性聚苯乙烯(PSt),将溴转化为叠氮基团后,得到叠氮基团封端的 PSt。最后通过叠氮基团与 CNTs 的环加成反应,分别将 PSt 接枝到单壁(SWNTs)和多壁碳纳米管(MWNTs)上,通过红外光谱(FTIR Spectrum)、紫外可见光谱(UV‐vis Spectrum)、拉曼光谱(Raman Spectrum)、透射电镜(TEM)等方法,证明 PSt 通过共价键连接到 CNTs 表面上,"叠氮法"作为一种有效的 CNTs 表面化学修饰手段,同时适用于 SWNTs 和 MWNTs。利用 XPS 证明叠氮基团与 CNTs 反应机理类似于其与 C$_{60}$ 的环加成反应,形成 C—N—C 的三元环结构。TGA 分析表明 MWNTs 中较多的结构缺陷更有利于聚合物的接枝。PSt 的修饰量随着 PSt 的数均分子量的增加而呈现先提高后降低的趋势,可以通过控制分子量的方法来调节聚合物对 CNTs 的修饰效果。

(2) 通过 ATRP 反应与自缩合乙烯基聚合结合,制备具有多个溴端基的超支化聚合物聚对氯甲基苯乙烯(PCMS)，经过叠氮化将超支化聚合物接枝到 SWNTs 和 MWNTs 表面。通过 FTIR、XPS、TEM 和 Raman Spectrum 等证明了 PCMS 是以共价键形式结合到 CNTs 表面上的。利用 TGA 估算出 CNTs 表面的修饰密度，与相同分子量的线性 PSt 进行比较，表明了利用超支化结构大量的端基可反应官能团可以改善聚合物对于 CNTs 的修饰效果。

（3）利用在聚乙二醇单甲醚(mPEG)的非甲基端预先引入的叠氮基团与 MWNTs 表面反应，改善了 MWNTs 在水溶液中的分散性。该修饰过程与已经广泛采用的利用聚乙二醇修饰羧酸化 CNTs 的方法相比较，有两方面的优点：① 避免了酸化处理的强氧化过程对 CNTs 自身结构的破坏并可以保持 CNTs 大的长径比；② 聚乙二醇单甲醚一端惰性的—CH_3 避免了聚乙二醇两端均具有的羟基基团同时与不同的 CNTs 化学连接，不会产生 CNTs 间的交联而不利于 CNTs 分散。

（4）利用叠氮法将 ATRP 法制备的嵌段共聚物聚苯乙烯(PSt)-聚甲基丙烯酸特丁酯(PtBMA)接到 MWNTs 的表面上，最后将表面的 PtBMA 嵌段水解之后得到两亲性嵌段共聚物 PSt-聚甲基丙烯酸(PMA)修饰的 MWNTs。改变两种单体的聚合顺序，可以调节亲油、亲水嵌段在 CNTs 表面的连接顺序。制备了 MWNT—PtBMA—PSt，MWNT—PSt—PtBMA 及它们的水解衍生物 MWNT—PMA—PSt，MWNT—PSt—PMA。通过对 MWNTs 在典型溶剂中的分散稳定性的研究，表明处于外端的嵌段对 MWNTs 分散性起着决定作用。在 TEM 下观察到 MWNT—PSt—PtBMA 和 MWNT—PSt—PMA 自组装形成束状结构。MWNT—PSt—PtBMA 和 MWNT—PSt—PMA 均倾向于分布在氯仿/水的界面上，但是，MWNT—PSt—PMA 由于具有更大的亲疏平衡比，故在界面的分散更均匀，并且导致了界面层采取最小表面积。

（5）制备了羟基化 MWNTs/聚氨酯复合材料。将聚乙二醇、季戊四醇端基的—OH 部分地转化为叠氮基团，利用引入的叠氮基与 MWNTs 反应,得到了羟基化的 MWNTs。将这种带有羟基的 MWNTs 在合成聚氨酯的过程中加入,一方面,通过羟基与异氰酸酯的作用得到化学键结合的界面;另一方面,表面的聚乙二醇和季戊四醇保证了 MWNTs 在多元醇组分中均匀分散,最终,复合材料力学性能改善更加明显。添加了未修饰的 MWNT、聚乙二醇修饰的 MWNT 和季戊四醇修饰的 MWNT 的含量均为 0.1% 时,相对于纯的聚氨酯,断裂强度分别提高了 64.2%,80.2% 和 85.5%;断裂伸长率分别提高了 108.4%,167.0% 和 127.3%。差热扫描量热分析(DSC)对聚氨酯材料的热学性能表征,体现了羟基化碳纳米管的加入改善了聚氨酯本身的微相分离结构。

目　录

第1章

绪 论

1.1 引　言

　　碳元素广泛存在于茫茫苍穹的宇宙间和浩瀚无垠的地球上,其奇异独特的物性和多种多样的形态随人类文明的进步而逐渐被发现、认识和利用。从古到今,煤炭、焦炭、炭黑、活性炭、石墨电极、铅笔芯和炭膜开关、天然金刚石、人造金刚石薄膜等,人们与之接触几乎无处不在。性能差异较大的石墨和金刚石是早已为人们所熟知的碳的同素异形体,但仅由单质碳构成的物质远不止这两种,以 C_{60} 为代表的富勒烯分子和碳纳米管(CNTs)则是近二十年来人类新发现的碳同素异形体。1991 年,日本 NEC 公司的 S. Iijima 博士在高分辨透射电镜的观察下,首次利用电弧蒸发法合成了完整的 CNTs[1]。CNTs 被发现后,理论推测和实验证明 CNTs 应用前景不可估量。物理学家对不同结构 CNTs 的特殊电性能,化学家对 CNTs 具有纳米尺度的空间,材料学家对其惊人的刚度、强度和弹力等都极为关注,使 CNTs 成为近十年来凝聚态物理、化学和材料科学研究的一大热点。

　　CNTs 的化学修饰是近几年发展起来的一个新兴领域,最初是与可溶性CNTs的发展联系在一起的,很多化学方法的提出的初衷是为了使之在某些溶液环境或者纳米复合材料基体中能均匀分散。随着化学改性的发展,CNTs的化学修饰已经发展成为通过化学改性来制备具有某些特定功能的CNTs及其复合材料的手段。

1.2 碳纳米管研究及应用存在的分散性问题

CNTs在溶剂或其他聚合物中聚集成团,分散性极差。这种不溶性和难分散性严重地限制了有关CNTs的基础性研究和应用。① 在基础研究方面,由于很难找到使CNTs分散均匀的溶剂,一系列测试表征方法无法应用在CNTs的研究中,阻碍了研究工作者开发出它更多的潜能。② CNTs的进一步功能化从而赋予其新的反应活性必须建立在CNTs能够在反应体系中良好分散的基础上,否则很难保证功能化的有效性和均匀性。③ 如能将纳米碳管均匀分散于有机溶剂中,则可以通过乳液聚合或溶液聚合的方法制备出符合要求的复合材料。④ 由于微米级的CNTs不溶于有机溶剂,通常是与聚合物溶液混合成为悬浮状态,因而在复合材料中出现不理想的聚集态,互相缠绕的线团结构并不能充分发挥CNTs本身的优势。CNTs增强复合材料的强度和硬度,最关键的是CNTs的比表面积必须足够大到可以将负载转移到CNTs上,这样才会使外力均匀地分布并且受力中心所受力最小化。聚集成团并不能发挥纳米材料的比表面积大的特点。

当然,通过超声波振荡,可以将CNTs分散在某些溶剂和聚合物基体溶液或熔融体中,但是,一旦停止超声振荡,CNTs会很快重新团聚沉淀。

目前的解决方案大部分被集中在CNTs表面修饰上。

1.3 碳纳米管表面修饰

1.3.1 碳纳米管表面修饰的机理

CNTs 可看作是二维石墨烯片层卷积而得到的。其理想结构是六边形碳原子网格围成的无缝、中空管体,两端由半球形的大富勒烯分子罩住。研究表明,富勒烯化学以加成为特征[2-5]。富勒烯发生这类反应相对较容易,因为从球体几何角度看,三角形碳原子的键合转化为四面体成键时,要释放大量的能量,因此,富勒烯发生化学反应而改性时,是能量相对降低的反应。富勒烯化学的系统发展表明了它们的加成反应活性极大地取决于富勒烯的曲率。碳结构的曲率越大,则其体系中 sp^2 杂化增多,从而更容易与其他基团发生反应。因此,CNTs 的择优反应部位是曲率最大的"端帽"处,说明 CNTs 两端是最容易进行化学反应的部位。许多研究就是利用这一"端帽"处的择优反应打开 CNTs 的两端,让其他物质进入其中,同时在两端引入活性反应基团。

无缺陷、结构完整、封闭的 CNTs 管壁是由六边形碳环网格构成,但在制备 CNTs 时,还混合有 sp^3 杂化碳原子,即 CNTs 管壁中存在有大量几何形状的缺陷,例如键旋转缺陷和 Stone-Wales 成对的五元环/七元环,形成缺陷的碳原子与一般的管壁碳原子杂化方式不同,其化学反应的活性也不一样,因此,CNTs 表面本质上比其他石墨变体具有更大的反应活性。

CNTs 侧壁绝大部分是由碳的六元环构成,每个六元环中的碳原子都以 sp^2 杂化轨道与相邻六元环上的碳原子的 sp^2 杂化轨道相互重叠形成碳—碳 σ 键。每个碳原子的三个 sp^2 杂化轨道的对称轴都分布在同一个平面上,而且两个对称轴之间的夹角为 120°,这样就形成了正六边形的碳骨架。通过计算可以得到有关 CNTs 端部(碳碳双弯曲键)和管壁(碳碳单弯曲键)的半定量信息[6]。管壁发生反应的生成热比端部反应的生成热少 $125.5\sim209$ kJ/mol。这表明,管壁修饰将比管的端部修饰需要反应活性更高的反应前驱体。而且不论是单壁碳纳米管(SWNTs)还是多壁碳纳米管(MWNTs),其表面都结合有一定的官能基团,而且不同制备方法获得的 CNTs 由于制备方法各异、后处理过程不同,而具有不同的表面结构。一般来讲,SWNTs 具有较高的化学惰性,其表面要纯净一些,而 MWNTs 表面要活泼得多,结合有大量的表面基团。

此外,每个碳原子还有一个垂直于此平面的 p 轨道,它们形成高度离域化的大 π 键。这些 π 电子可用来与含有 π 电子的其他化合物通过 π—π 非共价键作用相结合,也可以得到改性的 CNTs。

因此,从以上三方面出发,目前,CNTs 的表面修饰方法主要分为两大方向,即管壁的共价键修饰以及非共价键包覆外来物质,其中管壁的共价键修饰可分为 CNTs 的端头及缺陷修饰和侧壁修饰。

1.3.2　碳纳米管的共价键修饰

1. 端头和缺陷的化学修饰

目前,见于报道的 CNTs 的共价键修饰的方法主要为通过羧酸化处理在 CNTs 表面引入羧酸基团,然后进行酰氯化、醇化或氨基化,进而在 CNTs 表面引入聚合物分子。对 CNTs 进行酸化处理[7-9],既可以除去 CNTs 表面残余的无定形炭、SiO_2 及 Fe、Ni 等催化剂颗粒,又可以在 CNTs 的端头和侧壁引入活性基团。

CNTs 的端头和侧壁的缺陷具有较高的化学活性,早期的化学修饰就是从管的端口开始,利用强氧化剂可将端口打开而氧化。1994 年,Tsang 等人[10]发现,利用强酸对 SWNTs 进行化学切割,可以得到开口的 SWNTs。随后,Lago[9] 及 Hiura 等人[11] 发现,开口的 SWNTs 的顶端含有一定数量的活性基团,如羟基、羧基等,并预言可以利用这些活性基团对 SWNTs 进行有机化学修饰。

有不少研究者对此类反应的部位进行探讨,发现 CNTs 侧壁的缺陷也是重要的部位[12-15]。酸化后的产物主要是长度小于 1 μm 的 CNTs,其顶端和侧壁存在大量的酸化后得到的官能团,以羰基和羧基为主,可进而引发一系列反应。

Liu 等[16] 研究了 SWNTs 的切割方法。首先将 SWNTs 用混酸处理得到 $100\sim300$ nm 的短管,接着用体积比为 4∶1 的浓硫酸和 30% 的过氧化氢氧化,得到端基羧基化 SWNTs。他们为探索 SWNTs 端基羟基的化学特性,利用酰氯基与 NH_2—$(CH_2)_{11}$—SH 反应,将巯基引入到 SWNTs 端部位置,并进而利用 Au—S 配位作用将 SWNTs 组装到直径为 10 nm 的金纳米粒子表面,其反应过程如图 1-1 所示。

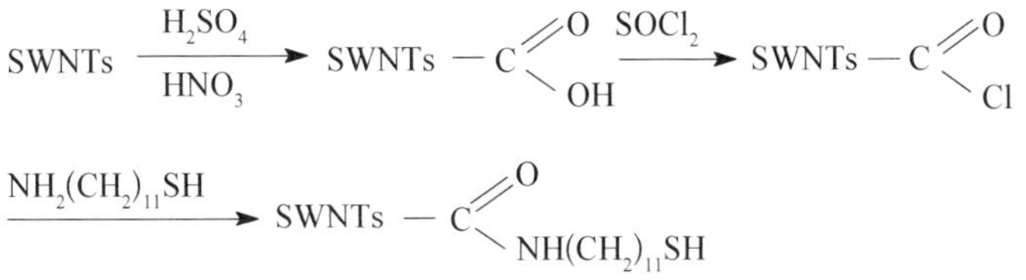

$$SWNTs \xrightarrow[HNO_3]{H_2SO_4} SWNTs-C\underset{OH}{\overset{O}{\diagup}} \xrightarrow{SOCl_2} SWNTs-C\underset{Cl}{\overset{O}{\diagup}}$$

$$\xrightarrow{NH_2(CH_2)_{11}SH} SWNTs-C\underset{NH(CH_2)_{11}SH}{\overset{O}{\diagup}}$$

图 1-1 利用巯基修饰经酸化、酰氯化处理后的 SWNTs

Chen 等[17-18] 在直接对 SWNTs 进行有机化学修饰未获成功之后,转向将羧基化的 SWNTs 用二氯亚砜处理,再与长链烷基胺十八胺反应得到可分散的 SWNTs(图 1-2)。SWNTs 表面形成两性离子,这种 SWNTs 可以分散于二硫化碳、氯仿以及二氯甲烷等多种有机溶剂,是世界上首次得到的可分散的 SWNTs。进一步的研究说明采用 4-烷基苯胺也可以得到可溶性材料[19]。SWNTs 的分散性的改善为 SWNTs 的分离和提纯提供了便利的条件,利用高效液相色谱以四氢呋喃为流动相[20] 对这种可溶性 SWNTs 样品进行了分离,在 AFM 下观察到了较纯的 SWNTs,SWNTs 的长度从 250 nm 缩短到 25 nm,实现了 SWNTs 的提纯。并且,在文献[21]中,他们对这种 SWNTs 进行了碘和溴掺杂,这种掺杂 SWNTs 代表了一类合成金属材料,掺杂可以提高 SWNTs 的电导率,并通过 Raman 光谱的谱带变化揭示了掺杂 SWNTs 电性能变化的原因。利用这种可分散的 SWNTs 与二氯卡宾在其侧壁进行反应,得到了的 SWNTs 的二次衍生化产物,并用 UV－Vis 光谱、FTIR、NIR 光谱、X 光电子能谱等方法进行了表征。

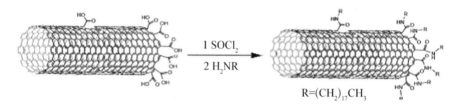

图 1－2 十八胺反应得到可分散的 SWNTs

Chattopadhyay 等人[22-24]按照 Chen 等人的方法,同样将十八胺接入 SWNTs 表面,可以使 SWNTs 稳定地分散在 THF 中,并利用高效液相色谱达到分离不同长度的 SWNTs 的目的。他们认为,十八胺修饰的 SWNTs 在溶剂中的稳定分散,不只是先前提到的两性离子模型理论,而且可能是受沿侧壁的物理吸附及化学接枝的十八胺的影响。

李博等[25]借助缩合剂 DCC(二环己基碳二亚胺)制备了十六胺修饰的 SWNTs。Saito 等[26]用混酸氧化和超声分散处理得到平均长度为 338 nm 的羧基化 SWNTs 短管,这些短管与未处理的碳管相比,在极性溶剂如 DMSO、DMF 中的分散性明显改善。然后,在缩合剂的作用下,用 $H_2N(CH_2)_nNH_2(n=1\sim4)$ 可以将羧基化的短管连接起来。

利用 CNTs 表面羧基的酯化反应也可以对 CNTs 进行化学修饰[27]。Sun 等人[28-31]在酸化 SWNTs 表面接枝了一系列的聚合物,用聚乙烯醇与酸化的 SWNTs 进行酯化反应,发现修饰后的 SWNTs 可以分散于强极性溶剂和水中。酯化后的 SWNTs 在酸碱催化剂下以四氢呋喃为溶剂进行水解反应,反应后,有黑色不溶物从溶液中析出,并且紫外吸收光谱强度明显减弱。充分的水解进一步证明了它们之间以酯基相连。此外,他们还制备了具有亲脂性基团长烷基链和亲水性基团聚乙烯醇低聚物的树枝状聚合物树模石,其端基为胺基或羟基,然后将其与酰氯化的 SWNTs 反应,使聚合物接枝到 SWNTs 的表面[32](图 1-3)。经过此种方法修饰的 SWNTs 可分散于水和非极性溶剂如环己烷、氯仿等中。同时,他们还用类似的方法将丙酰乙烯基亚胺与乙烯基亚胺的共聚物(PPEI-EI)接枝到了 SWNTs 表面上,以提高 SWNTs 的分散稳定性。他们还利用分子量约为 1 500 的双端胺基的聚乙烯醇的低聚物与酸化过的 SWNTs 发生离子反应,使碳管功能化,然后再加氢化钠进行水解反应将其去功能化,研究得出了被功能化碳管的含量。

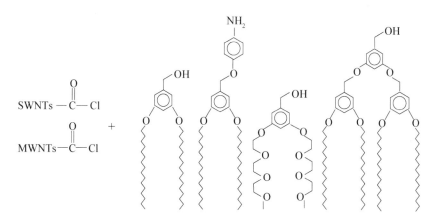

图 1-3 端基为胺基或羟基的树枝状聚合物树模石修饰酰氯化 CNTs

而 Zhao 等人[33]在酸化的基础上接上异氰酸酯基团,为 CNTs 在高分子复合材料和涂料方面提供了潜在的应用价值。

Lin 等[34]先将 MWNTs 酰氯化之后,利用化学沉积法将聚丙酰基氮丙啶-氮丙啶接枝到了 MWNTs 上面。并对此种化学法改性的 MWNTs 与直接在高聚物熔料中加热 MWNTs 的物理法改性的

MWNTs 进行了比较。研究发现：两种方法处理都很有效,证明经胺基聚合物修饰 MWNTs 由于胺基聚合物的亲水性而使分散性提高。但经过酸化并酰氯化的 MWNTs 修饰后分散性更好,分散后的 MWNTs 在紫外光区域的吸收变少,也证明了这一点。经此修饰的 MWNTs 可望在生物方面获得应用。

Urszula 等人[35]利用 X 射线光电子能谱(XPS)分析酰氯化后的 SWNTs 的 C(1s)结合能降低了 0.4 eV,并且出现了 Cl(2p)(201.4 eV)峰,由此说明反应中生成了 C—Cl 键。由于—Cl 有吸电子效应,从拉曼光谱看到—Cl 的引入使光谱向低场移动。

Kong[36,37]等人首先使 MWNTs 酸化再酰氯化,然后用乙二醇在 120℃下使其醇化,再引入 ATRP 的引发基团 2-溴-2-甲基丙酸溴化物,最后引发 ATRP 反应。得到了甲基丙烯酸甲酯接枝的 MWNTs 和苯乙烯接枝的 MWNTs。MWNTs 表面的聚合物层的厚度可以根据引入的聚合物单体与 MWNT—Br 比例调控。图 1-4 所示为聚苯乙烯接枝 MWNTs 的反应式:

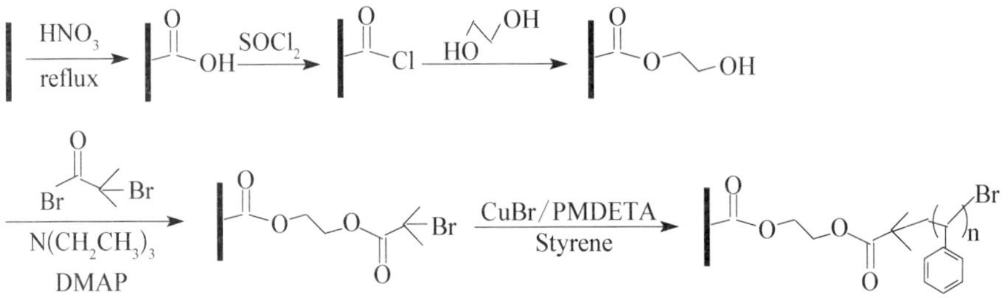

图 1-4 通过原子转移自由基聚合在 MWNTs 表面接出聚苯乙烯分子

他们还利用同样的方法[38]在通过酸化、酰氯化再醇化后,然后在 $BF_3 \cdot OEt_2$ 作催化剂的条件下加入 3-乙烷-3-羟甲基氧杂环丁烷(EHOX),在室温下搅拌 24 h,发生开环聚合,得到超支化 EHOX 修饰的 MWNTs,反应如图 1-5 所示。

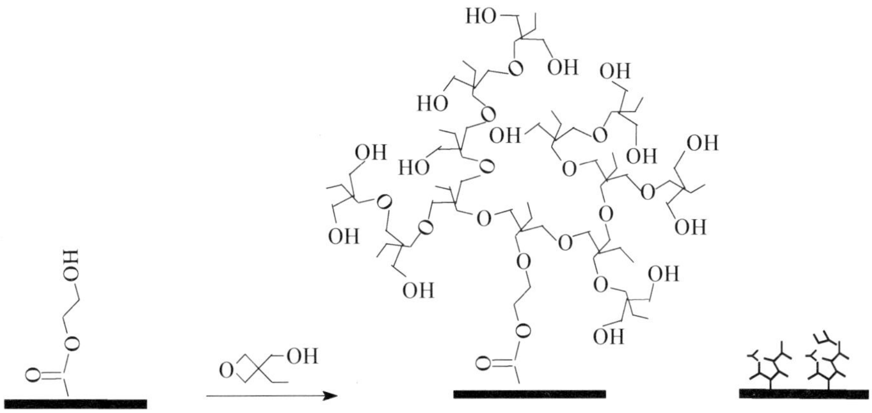

图 1-5　MWNTs 表面接枝超支化聚合物

Park 等人[39]报道了利用咪唑盐离子液体改性 MWNTs 的过程。首先得到带有酰氯基团的 MWNTs,与 3-氨丙基咪唑盐离子液体作用,在 MWNTs 与咪唑盐离子之间形成共价键,这种共价键可以稳定存在,并不像直接利用酸化 MWNTs 与氨基作用形成的非共价吸附作用那样可以被盐酸溶液解吸附。用离子液体修饰的 MWNTs 在离子液体中分散能力显著提高。同时可以通过离子交换来调解在水中和有机溶剂中的分散稳定性。

2. 碳纳米管侧壁的共价修饰

CNTs 的侧壁碳原子主要由 sp^2 杂化碳原子组成,可以与一些活泼的物质如卤素[40-48]、卡宾、自由基[49-53]等发生加成反应。侧壁修饰后的 CNTs 形成官能化的活性表面,为进一步进行其他反应创造了条件。CNTs 侧壁反应活性的增加与其直径有关。由于曲率增加和高的再杂化能的缘故,小直径的 CNTs 的侧壁具有更高的反应活性。

（1）碳纳米管的侧壁卤化反应

CNTs 在室温和 600℃ 之间与氟单体可以进行氟化反应[54-60],其热动力学数据可以采用理论计算的方式得到[61-68]。大量的研究者关于 F

加成到 CNTs 侧壁的方式仍存在争议。Kelly 等人[61]认为存在两种可能的加成模式,即 1,2 -加成或 1,4 -加成,并认为后者更加稳定。相反,Kudin[62]通过计算得出氟化 CNTs 的能量仅增长了 4 kcal/mol,这种很小的能量差意味着两种加成方式共存。Alemany 等[63]在氟化程度的定量研究方面得出结论,当氟化程度较高时,采用固相核磁共振计算表面氟含量较准确,而当氟化程度不高时,采用拉曼光谱更准确。

氟化后的 CNTs 易被亲核试剂进攻,从而得到可分散的 CNTs。

Mickelson 等人[70-71]从能量考虑提出了加成—消去机理,反应历程如下:

使用格氏试剂或有机锂试剂,烷基可以被氟原子取代。Saini 等人[72]将含氟碳纳米管与烷基锂 RLi(R $=CH_3$, n-C_4H_9, t-C_4H_9, n-C_6H_{13}, -C_6H_5)在有机溶剂中反应得到烷基化的 SWNTs。从红外光谱观测在 2 850~2 970 cm^{-1} 和 1 000~1 470 cm^{-1} 处出现烷基的伸缩振动和变形振动吸收峰,在 1 580 cm^{-1} 附近为活性的 C=C 伸缩振动。由紫外光谱可以看出,烷基修饰的 SWNTs 的电子结构发生了明显变化。由于空间位阻的关系,叔丁基不能有效和氟管反应。

烷基化的 CNTs 还可以由含氟碳纳米管和格氏试剂在四氢呋喃中反应获得[73],反应后己基化的 CNTs 在氯仿中的分散度可达到0.6 g/L,经 TGA 分析可知,每 10 个侧壁碳原子上就有一个己基。当含氟碳纳米管在无水联氨中搅拌时,可发生去氟化作用 $4C_nF + N_2H_4 \rightarrow 4C_n + 4HF + N_2$[74],CNTs 从溶液里沉淀下来,分析脱氟后的拉曼光谱与脱氟前相比,宽峰消失,又重新出现了 CNTs 在 186 cm^{-1} 处的经典吸收峰。这个反应研究为烷基化的 CNTs 提供了一条有效的分离方法,也可以通过控制脱氟的过程得到不同氟化程度的含氟碳纳米管。

另外,通过电化学方法,可以使 CNTs 进行氯化和溴化反应[75]。

(2) 自由基加成反应

采用典型的分子动力学模型模拟碳自由基连接到 CNTs 表面,结果表明,CNTs 与自由基的反应是可行的[76-77]。Qin 等人[78]利用原位自由基聚合法以过硫酸钾作为引发剂,将对苯乙烯磺酸钠接枝到了 SWNTs 上面。

Dyke 等[50]报道了用碳自由基修饰 SWNTs 的反应。整个反应是在无溶剂条件下完成的,具有 CNTs 被修饰量大的特点。他们用由 HiPco 技术制备的 SWNTs 和 4-取代苯胺反应,注射异戊基亚硝酸盐催化剂形成糊状物,然后在 60℃下强烈磁力搅拌一段时间。胺直接连接在碳管表面。经此修饰的 SWNTs 的修饰量与苯胺上取代基团种类有关。

芳基和烷基过氧化物加热后分解出自由基,可以加成到 CNTs 的侧壁上。Umek 等[79-80]将十二烷酰过氧化物或者双苯基过氧化物与 SWNTs 在甲苯中反应 3 h 后,补加过氧化物再反应 6 h。经洗涤过滤干燥得到十二烷基接枝的 SWNTs 或苯接枝的 SWNTs。经此法修饰的碳管同样有很好的分散性,且此法可应用于高聚物修饰碳管。Liu 等人[81]在超声波作用下将过氧化三氟乙酸、间氯过氧苯甲酸、2-溴-2-过氧化甲基丙酸接入 SWNTs 表面,通过系统的表征发现,在 SWNTs 表面引入了含氧基团及卤素取代的酯基,证明了过氧化有机酸处理是 SWNTs 表面修饰的通用手段,修饰的程度与酸度、氧化能力及浓度有关。另外,利用 2-溴-2-过氧化甲基丙酸修饰的 SWNTs 引发了甲基丙烯酸甲酯的原子转移自由基聚合。

CNTs 与自由基的共价键加成除采用热化学,也可采用光化学路线。Qin 等人[82]利用过量的十七氟化辛碘在 1,1,2,2 -四氯乙烷中通过中压水银灯(150 W)照射 4 h,通过光引发使 SWNTs 发生自由基加成反应,然后除去溶剂和反应产生的碘。经过比较,发现此种方法与全氟烃基取代反应得到的 SWNTs 在溶剂中的分散稳定性基本相同。

重氮盐的原位化学反应被认为是 CNTs 改性的一个有效方法,研究的范围很广泛[50,83-98]。CNTs 通过电化学还原反应取代有机介质中的芳香重氮盐[83-85],还原介质是芳香自由基。在 Strano 等人的研究中,水溶性重氮盐对金属性 SWNTs 具有反应选择性[86-89]。并且经十二月桂酰硫酸钠胶束包覆的 SWNTs 重新利用重氮盐产生的自由基进行修饰,可以得到修饰量高的 SWNTs,每 10 个碳原子就有一个功能基团,SWNTs 在 DMF 中的分散(溶解)度大大地提高。由相应的苯胺衍生物和硝基四氢氟硼酸盐处理制得的重氮盐,利用电化学还原,使芳环上产生反应性自由基(图 1 - 6),加成到 SWNTs 的管壁上,得到了可分散的SWNTs[98]。

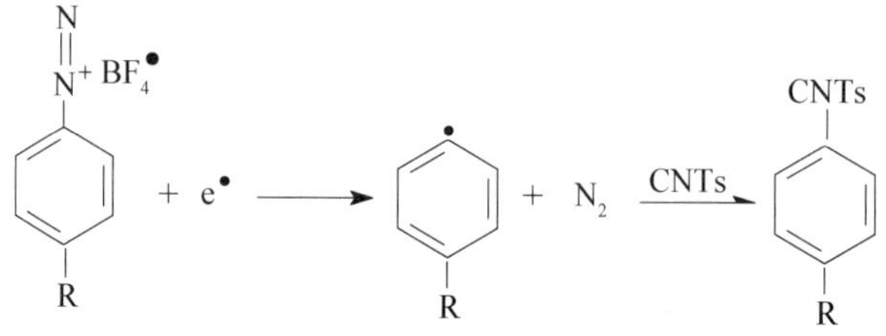

图 1 - 6　利用电化学还原将重氮盐加成到 CNTs 表面

Holzinger 等[99]在重氮盐反应研究的基础上利用二重氮盐将 SWNTs 连接起来。从 TEM 上可清楚地观察到 SWNTs 相互铰链在一起。相互铰链的 SWNTs 不能分散在任何溶剂,可由过滤纯化。

低温等离子体具有极高的电子温度和大量活性粒子,因此能够加速化学反应速度。H、N、NH 和 NH_2 自由基通过使用冷等离子同样可以加成到 SWNTs 表面[100-103]。

（3）环加成反应

Lee 等[104]将原位合成的卡宾以环加成的方式加成到 MWNTs 上，他们使用氯仿/氢氧化钠混合物及苯基汞试剂得到二氯卡宾官能团。通过 XPS 表征表明卡宾的加入使得到的 MWNTs 表面存在氯元素，氯元素的含量为 1.6%。Kamaras 等人[105]利用十八胺修饰后的可分散 SWNTs 与和苯基汞试剂 $PhHgCCl_2Br$ 得到的二氯卡宾官能团反应，SWNTs 的电子结构发生了很强的变化，远红外光谱测试表明 CNTs 的费米能级发生很大的变化。

同时，Hirsch 等[106-108]也利用卡宾官能团来对 SWNTs 表面进行化学修饰。在他们的实验中，二吡啶咪唑在 KOtBu 催化作用下产生卡宾官能团。最近，Takashi Yumura[109]通过 density functional theory (DFT)PW91 计算，发现卡宾官能团在与 CNTs 发生环加成反应时，彼此存在着协同效应，相互靠近的双加成要比相距较远而毫不关联的加成稳定，能量相差 7~24 kcal/mol。

Bingel 反应是一种环化反应，反应条件温和而高效。通过这种反应，可将有机含溴化合物以共价键的形式接到 CNTs 上。Coleman 等人[110]将 SWNTs 置于邻二氯苯中，加入二乙基含溴的有机小分子，通过 Bingel 反应环化反应，将此有机小分子接到 SWNTs 上面。再用此化合物的另一端反应活性连接巯基，然后利用巯基与金原子结合，达到将金纳米粒子接到 CNTs 的目的。此反应可作为化学标记性反应，因为在原子力显微镜下面可以观察到发光现象。Umeyama 等人[111]通过两步反应得到双功能化的 SWNTs。首先，在端部和缺陷处利用羧酸基团引入烷基，然后在侧壁通过 Bingel 反应接入苯取代物，在此他们借助快速而高效的微波加热手段实现了 SWNTs 表面的 Bingel 反应，反应速度较传统方法提高了 50 倍，修饰程度在同样温度下通过调节外部微波能量而变化，并且拉曼光谱显示，即使修饰程度很高，SWNTs 仍保持了原有的电性能。

α-氨基酸与醛反应经脱羧和失水后可制得亚胺叶立德(Azomethine ylide,C＝N+—C−),亚胺叶立德化合物既有共价键性质也具有极性内盐的性质,是一类很活泼的1,3-偶极离子,它容易与亲偶极体反应,生成环加成产物。Prato 等人[112,113]将此反应应用到了 SWNTs 上面(图1-7)。首先在加热的条件下,利用不同的 α-氨基酸和不同的醛进行原位缩聚反应生成亚胺叶立德,后者与 SWNTs 反应,发生 1,3-偶极矩环加成反应形成吡咯烷合并环,从而在 SWNTs 表面接入修饰物。此种方法修饰 SWNTs 在氯仿中的分散(溶解)度达到了 50 mg/ml[114,115]。

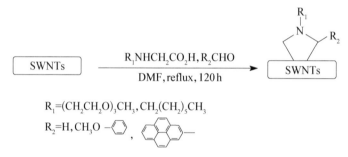

图 1-7 亚胺叶立德化合物修饰 SWNTs

电子反常供需型 Diels - Alder 反应(inverse electron demabd Diels - Alder reaction,IDA)因其在天然生物碱及类似物合成中的应用,在近20年来已经逐渐引起关注。在 Diels - Alder 环加成反应中,CNTs 作为亲双烯体参与反应,作为双烯体的化合物,可以带给电子的基团,也可以带吸电子的基团。Delgado 等[116]报道了在微波辅助的条件下,在 CNTs 的侧壁进行了 Diels - Alder 反应。该反应涉及 4 个 1,3-丁二烯的 π 电子和 CNTs 上的 2 个 π 电子,活性反应物为邻位-喹宁二甲烷。

在 Lu 等[117]的研究中,通过两层 ONIOM 方法[118]评价了 Diels - Alder 反应的可行性。在扶手椅型 CNTs 表面进行 1,3-丁二烯的 Diels - Alder反应并不可行,而喹宁二甲烷的环加成反应由于在转化阶段及最终产品中存在的芳香环的稳定性,被认为是完全可行的。

（4）亲核加成反应

Viswanathan 等[119]鉴于丁基锂在 C_{60} 表面产生碳负离子,从而引发阴离子聚合,首次将这种方法引入到半径小而曲率大的 SWNTs 上,进行了 CNTs 引发的苯乙烯阴离子聚合,从而一方面得到聚苯乙烯修饰的 SWNTs,另一方面利用管间的静电排斥作用将缠绕的 SWNTs 彼此分离。

Wu 等[120]利用金属有机试剂氢化钠或者丁基锂引发聚合物产生碳负离子发生亲核反应制备了新型的聚乙烯咔唑（PVK）及聚丁二烯（PB）修饰的 SWNTs 衍生物,并通过 Raman 光谱、吸收光谱、TGA、SEM 等手段进行了表征。光照 ESR 研究表明,该种 PVK 修饰的 SWNTs 衍生物具有光致电荷转移现象。光限幅研究证实 PVK 修饰的 SWNTs 具有很好的光限幅特性,甚至优于 C_{60},这是光致电荷转移现象作用的直接结果,在纳米电子器件及聚合物纳米器件的开发上有一定的应用。

Liu 等[121]利用二茂铁（Cp—Fe—Cp）,与 MWNTs 进行配位交换反应制得改性的碳纳米管（Cp—Fe—MWNTs）,Cp—Fe—MWNTs 表面二茂铁的单分子通过锂化被修饰为端基为对氯甲基苯乙烯的 pMS—Cp—Fe—MWNTs,pMS—Cp—Fe—MWNTs 进一步与聚苯乙烯发生活性阴离子聚合得到聚苯乙烯修饰的 MWNTs。

Chen 等[122]用丁基锂与 SWNTs 反应,然后用二氧化碳处理,得到的 SWNTs 表面同时带有烷基和羧基。通过 zeta 电位测量得知这种 SWNTs 与两性聚电解质有类似的性质。

Basiuk 等[123]用十八胺与封端的 CNTs 在无溶剂条件下反应,研究发现,这种加成反应只能在 CNTs 表面的五元环上进行,而不能直接在苯环上发生,即对完美碳管结构无效。Georgakilas[124]、Tong 等人[125]

均采用亲核加成反应实现了 CNTs 的化学修饰。

（5）氢化反应

MWNTs 与溶解在液氨中的锂元素和甲醇发生还原反应，可以制备"氢化"MWNTs。这种氢化材料直到 400℃时仍然稳定存在，温度高于 400℃后，分解为氢气和少量的甲烷。利用产生的氢气，通过化学计量学计算发现，平均氢含量相当于 $C_{11}H$ 化合物中氢含量[126]。在透射电镜下观察到 MWNTs 管壁有褶皱并且不规则。热稳定性及结构因素表明在 MWNTs 表面形成 C—H 键。碳原子与氢原子之间的键能可以通过计算来进行估算[127]。除此之外，MWNTs 的氢化可以采用辉光放电[128-130]或者质子炮击[131]的方式进行。

（6）机械化学法

通过粉碎、磨碎、摩擦等方法可以增强粒子的表面活性，这种活性使分子晶格发生位移，内能增大，从而使粒子表面温度升高、溶解或热分解，在机械力或磁力作用下活性的微粒表面与其他物质发生反应、附着，达到表面改性的目的。

球磨的 CNTs 在真空或氮气条件下，与反应性气体作用可以在 CNTs 表面产生各种官能团，包括硫醇、氨基、酰胺基、羧基和氯原子等[132]。经过球磨 CNTs 的长度缩短，经过一定的时间后，长度不再变化。

通过 SWNTs 与氢氧化钾的简单固相机械化学反应[133]，可以制备多羟基修饰的 SWNTs。这种 SWNTs 在水溶液中有很高的分散度，并且通过管间的氢键作用自组装成有序排列结构。机械化学反应同样可以将 C_{60} 接入 SWNTs 的外表面[134]。

此外，还有臭氧分解法[135-138]、亲电加成反应[142]、可逆加成断裂-链转移自由基聚合[143-145]、开环聚合[146,147]、无机复合物处理[147-155]等有效的 CNTs 表面修饰方法。

1.3.3　非共价键包覆外来物质

CNTs 侧壁碳原子的 π 电子可以被用来与含有 π 电子的其他化合物通过 π—π 非共价键作用相结合,可把长链有机物分子固定在 CNTs 外壁,从而对 CNTs 进行非共价包覆。这些有机物分子包括不同的聚合物、多环芳香化合物、表面活性剂分子和生物分子。由于这种非共价键包覆是建立在范德华力或 π—π 吸附上的,不会对 CNTs 表面的电子结构产生影响,因此,这种方法在理论上存在非常好的发展前景。但非共价键包覆存在着结合力差、不稳定并且可连接物质有限等缺点。

PmPV′(间苯撑乙烯与 2,5 -烷氧基取代对苯撑乙烯的共聚物)是一种共轭发光聚合物,其分子结构中富含的大 π 键,使其成为 CNTs 表面包覆的理想聚合物。Curran 等人[156-158]利用 PmPV′包覆 MWNTs,制备了两者的复合材料。包覆后的 MWNTs 能够在 PmPV′的甲苯溶液中稳定分散。同时,该复合材料是一种新型的分子光电材料。CNTs 的存在使得 PmPV′的电导率提高了 8 个数量级,并且,MWNTs 充当了热的接受体角色,防止了 PmPV′基体中产生破坏性的热效应而降解。同时,这种材料作为发光二极管的发光涂层可以电致发光,在低电流条件下,即可电致发光。

Alexander 等[159]更详细地报道了 SWNTs/PmPV′的合成方法,利用 UV/Vis、HNMR 和 AFM 表征,表明 PmPV′与 SWNTs 之间通过 π—π 相互作用而连接。在 UV/Vis 光谱中,由于 π—π 相互作用,PmPV 对应的峰加宽,同时出现了 SWNTs 所属的峰。在 HNMR 中,聚合物的质子峰加宽并伴有一定的化学偏移。这可能是由于电导性的 SWNTs 的存在,同时,SWNTs 制备过程中残留的催化剂会受磁性铁的影响。AFM 下观察,随着 PmPV′含量的增大,悬浮液中 SWNTs 束的平均直径逐渐变小,SWNTs 的表面覆盖度逐渐均一。并且他们制造了

SWNTs/PmPV'光电装置,在两电极之间搭上单根的 SWNTs 束,每吸收一个光子,可产生 1 000 个以上的电流子,具有光放大功能。而纯的 SWNTs 搭建的这种装置并没有光响应能力。同时,SWNTs 的电学性质基本上不受被包裹的聚合物影响。另外,光实验表明,聚合物是包裹在团聚的管束周围,而不是在单根的 SWNTs 上。

Huang 等人[160]将导电高聚物如聚吡咯均匀电化学沉积到 MWNTs 阵列中的每一根 CNTs 上,得到了导电聚合物的同轴纳米线。他们首先在石英玻璃基质上制备了垂直于基质的 MWNTs 阵列[161-162]。并且通过局部覆盖或图案化可以选择性的布置 MWNTs 阵列在基质上的分布。同轴结构保证了 MWNTs 提供了机械稳定性及高效的热、电传导性。大的表面积及界面面积,预示了其在光电装置中的应用,如有机发光二极管和光电电池等。

唐本忠等人[163]在 CNTs 存在的条件下原位聚合苯乙炔,得到了聚苯乙炔以螺旋状包裹的 CNTs(图 1-8)。

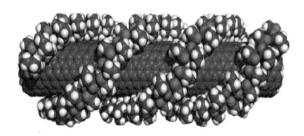

图 1-8 螺旋状聚合物包裹 CNTs 的模型

这种 CNTs 可分散于多种有机溶剂,如 THF、甲苯、氯仿、1,4-二氧乙烷等,并且,聚苯乙炔包覆的 CNTs 可以在溶液中沿施力方向取向。得到的 CNTs 有较强的光稳定性,在强激光辐射下,聚苯乙炔未光降解,并有较好的光限幅效应,随着 CNTs 含量的变化,其饱和流量可调。万梅香等人[164-165]也通过原位聚合反应得到了聚吡咯(PPy)包裹的 CNTs,结果表明,二者之间不存在化学键的作用,并进行了电磁热学性质的研究,导电分子聚吡咯在不同程度上改变了 CNTs 的电、磁、热等物性。

　　将生物分子引入 CNTs 的表面一直是近年研究的热点方向。CNTs 的电性能及被固定生物分子的特定识别性能统一到一起,有望制备新型的微型生物传感器。Dai 等[166]利用芘与 SWNTs 的 π—π 相互作用,将双官能团分子-芘的衍生物 1 -芘丁酸琥珀酰亚胺酯不可逆吸附于 SWNTs 侧壁表面,这种吸附在水溶液中很稳定,吸附在表面的琥珀酰亚胺酯能与大部分蛋白质表面富含的氨基发生亲核取代反应。这种方法具有通用性,通过生物分子上的氨基反应,得到了侧壁表面固定有铁蛋白、链霉胍生物分子。并且在空白试验中发生,将未吸附有 1 -芘丁酸琥珀酰亚胺酯的 SWNTs 与蛋白质溶液进行同样处理,并没有发现 SWNTs 表面固定有蛋白质分子。

　　Liu 等[167]利用一种芘化合物 17 -(1 -芘基)- 13 -氧基-十七巯基(PHT),该化合物的一端连有芘单元,通过芘单元与 SWNTs 表面发生 π—π 堆积相互作用,用 PHT 修饰 SWNTs 表面,然后通过 PHT 另一端的巯基与金纳米粒子作用,这样,以 PHT 为连接中介,实现了金纳米粒子在 SWNTs 上的自组装。用透射电镜(TEM)观察到了金纳米粒子密集地附着在 SWNTs 的侧壁上。在对比实验中,在相同条件下,不通过 PHT 为连接中介,而是直接将金与 SWNTs 混合,观察到的电镜照片中只有极少数的金粒子附着在 CNTs 表面。同时,通过光谱表征发现随着组装金纳米粒子的含量增加,几乎完全猝灭了 PHT 的荧光效应,SWNTs 的拉曼效应也同时提高,猜想这应该是金纳米粒子与 SWNTs 间发生了电荷转移的结果。

　　此外,表面活性剂十二烷基磺酸钠(SDS)[168]和聚乙烯基苯磺酸钠(PSS)[169]均能够物理缠绕在 CNTs 表面,以增加 CNTs 在水中和有机溶剂中的分散性。

1.4 纳米改性聚氨酯复合材料的研究进展

CNTs 现在已经被广泛地应用在复合材料中[170-180]。聚氨酯材料以其优异的性能广泛应用于各个领域,日渐成为人类生活中重要的合成材料。人们相继发明了聚氨酯弹性体、涂料、泡沫塑料、合成纤维、合成革、防水材料、胶粘剂等多种形式的产品,被广泛应用于生产生活、医疗卫生、体育场馆建设甚至国防工业等领域[181]。

结合聚氨酯材料的性能特点,将纳米技术应用于聚氨酯材料中,在对聚氨酯改性的同时,还可赋予其新的更为优越的性能,从而为聚氨酯材料在各个领域中的广泛应用打下坚实的基础。将纳米技术应用于聚氨酯的改性在实际应用中已取得了技术突破,并且成功地制备了各种纳米/聚氨酯复合材料,如聚氨酯/纳米 $CaCO_3$、聚氨酯/纳米 SiO_2、聚氨酯/纳米 TiO_2 以及聚氨酯/黏土等纳米复合材料,与原有的聚合物相比,纳米复合材料性能有了较大的提高[182-184]。

作为传统纳米材料,炭黑在塑料与橡胶工业中是一种重要的添加剂。它可以改善塑料的电性能、老化、着色及力学等性能,尤其是抗紫外线性能及控制电导率。Furtado 等[185]将炭黑直接与聚氨酯/$LiClO_4$ 电解质溶液共混,制得聚氨酯电解质/炭黑复合材料,并对其热、电学性能进行研究后发现:由于炭黑均匀分散于基体中,材料仍能保持无定型及柔性特征,其电学性能既不符合有效传质理论也不符合传统渗滤阈值模型;由此制得的一系列双层电容器,含炭黑 20wt％的电容器具有最高的电容量为 0.7 F/cm^3。Chen 等[186]通过两种不同工艺制得炭黑/聚氨酯复合膜,对它们电学性能及气敏性能进行了表征,它们具有较低的渗滤阈值,分别为 0.95％和 0.7％,且不论在极性气体环境还是非极性气体环境中都表现出较高的气敏响应性。但在极性气体环境中,随炭黑含量增加,复合膜气敏响应发生由负温度系数向正温度系数的转变。另外,鹿海军等人[187]系统研究了聚氨酯弹性体的品种、添加剂和炭黑对炭黑填充聚氨酯开炼机混炼工艺的影响,并考察了混炼工艺对炭黑填充聚氨酯力学性能的影响。纳米金刚石粉末由于具有高强度、低摩擦系数及多晶体特性,因而其耐磨性能优异。北京天工表面材料技术有限公司制备了纳米金刚石/聚氨酯胶粘剂,其耐磨性较之单纯的聚氨酯胶粘剂提高了 2.24 倍,而且拉伸强度也提高了 27.8%[188]。

C$_{60}$ 和 CNTs 具有独特的分子结构,使得它们具有优良的力学性能、电磁性能、热稳定性及非线性光学性能等。研究表明,C$_{60}$ 大量高度离域的 π 电子赋予它快响应时间和大的非线性光学特性。为此,Kuang 等人[189]通过 1,3 -偶极环式加成,合成了三羟基功能化 C$_{60}$ 衍生物,然后将它与两种不同类型的聚氨酯预聚物进行交联反应,制得了在 1 150~1 600 nm 范围内具有最大的三阶 NLO 特性的 C$_{60}$/聚氨酯复合膜,且热稳定性能良好。这为进一步开发适用于各种光学开关的器件材料开辟了一条可行的路线。

Ma[190]以二甲基硅氧烷作为软段制备聚脲基聚氨酯,将导电 CNTs 与 PU 复合,以制备导电高分子复合材料。结果表明,随着 CNTs/PU 中 CNTs 含量和材料厚度的增加,其电磁屏蔽作用明显提高。CNTs/PU 高分子复合物具有较高的拉伸强度和拉伸模量,质轻和 CNTs 的高比表面积,因此是强度高、质轻的理想电磁干扰屏蔽材料。

许多实验都证实了在聚合物中加入 CNTs,其机械性能和热学性能均有明显提高。但是,由于普通 CNTs 不能均匀稳定分散于大多数溶剂,且相互间易团聚成束,对碳管在基体材料中的分散不利。成束后碳管之间的相互滑移也会降低材料的整体性能。普通 CNTs 与聚合物基体间界面作用较弱,有实验显示,普通碳管从基体中拔出时,其外壁光滑无附着。

功能化不但可以改善碳纳米管在聚合物基体中的分散性以及与聚合物的相容性,而且碳管表面嫁接的功能团能够增强碳管与基体间的界面作用。

共价功能化 CNTs 表面的活性基团能够与聚合物中的一些基团反应,在碳管与基体间通过共价键形成交联,增强界面作用。例如,Zhu 等人[191]对 SWNTs 羧基化和氟化后再与环氧树脂混合,碳管与环氧之间通过环氧开环酯化和固化反应生成共价键而交联在一起。相对于普通碳管/环氧树脂复合材料,该材料的性能以及碳管在基体中的分散性均有进一步提高。然后他们又制备了胺化 SWNTs/环氧树脂复合材料并得到了类似的研究结果[192]。Gojny 等人的研究[193]证实了共价功能化 MWNTs 与环氧树脂间有强的界面作用。在聚碳酸酯复合材料拉伸试件断口处,Ding 等人[194]利用扫描电子显微镜(SEM)观测得知,被拔出的功能化 MWNTs(连同表面包覆物)的直径明显大于用于比对的普通 MWNTs(连同表面包覆物)的直径。相关的分子动力学研究[195,196]也表明,在复合材料界面间引入少量交联可明显提高 MWNTs 与聚合物间的界面强度。

Sen 等人[197]为了研究界面结合力和 SWNTs 分散性对 SWNTs/聚合物复合材料的机械性能的影响,将 SWNTs 表面用酯进行功能化,并与未经任何修饰的 SWNTs 进行对比实验,通过静电纺丝技术,在聚氨酯中引入两种不同 SWNTs。修饰后的 CNTs 在 DMF 溶剂中的分散性大大提高,所得 SWNTs、酯功能化 SWNTs/聚氨酯复合薄膜的力学性能,较之纯聚氨酯材料,拉伸强度分别增加了 46% 和 104%,剪切模量也各自增加了 215% 和 250%。显然,酯功能化处理对纳米碳管/聚氨酯复合材料性能的提高更有利,这是由于极性的酯官能团可以通过氢键与聚氨酯以及其中游离的胺发生作用,提高界面结合力。功能化碳管与基体具有更好的相容性,在基体中分散均匀,且有良好的界面作用的结果。

Chen 等人[198]将 CNTs 通过熔融挤出的方式掺入聚氨酯弹性体中,制备得到 CNTs/聚氨酯热塑性弹性体纤维。掺入量为 9.3% 时,

CNTs 在聚氨酯基体中分散良好,拉伸强度较聚氨酯材料提高了 2.4 倍,掺入量为 17.7% 时杨氏模量比聚氨酯材料提高了 27 倍,然而,弹性体的黏弹性并没有改变。在此,采用的是酸化处理的 CNTs,表面带有羧酸基团、羟基和大量缺陷,因此增强了 CNTs 和聚氨酯基体之间的结合能力。机械性能的提高来源于两部分:CNTs 分散性的改善和界面结合,扫描电镜中观察到断面处的 CNTs 被拉断,而不是被拉出的形态,这正是由于 CNTs 和基质之间的结合很强所导致的。

Kwon 等利用溶液共混[199]和原位复合[200]的方法,对 MWNTs/聚氨酯和酸化 MWNTs/聚氨酯复合材料的各项性能进行了对比。研究发现,两种 MWNTs 对聚氨酯材料的模量、拉伸强度、电导性、抗静电能力均有所提高,但是,酸化 CNTs 与 MWNTs 的不同在于,后者的复合材料断裂伸长率降低,而前者的断裂伸长率提高很多。另外,添加量为 1.5wt% 时,两种 MWNTs 改性的聚氨酯电导率分别增加了 8 倍和 9 倍。原位复合的方法更有利于 MWNTs 改性聚氨酯的各项性能。

Cho[201] 将 MWNTs 的导电性能和 PU 的受热后发生相变的物理特性结合起来。通过将 PU 和 MWNTs 复合制得电敏形状记忆复合物。MWNTs 在使用前通过硝酸和硫酸的混合酸的化学表面处理以改善聚合物和 MWNTs 的界面结合作用,从而制得导电形状记忆聚合物。采用外加电压而不是直接加热的方式来研究 CNTs/PU 导电复合物的形状恢复。电压激发形状记忆作用依赖于 MWNTs 的含量和 MWNTs 的表面改善度。表面改性的 MWNTs 提高了复合物的力学性能,同时,MWNTs 的表面改性使复合物的电导率降低,但复合物的电导率随表面改性 MWNTs 含量的增加而增加,含 5% 改性 MWNTs 的试样的电导率为 10^{-3} S·cm^{-1}。表面改性 MWNTs 复合物具有 10.4% 的能量传递作用,使其对电敏感而具有形状恢复功能,MWNTs/PU 复合材料通过电流产生的热量使体系升温,致使形状回复,所以既具有导电性能,又具有良好的形状记忆功能。

Xu 等[202]开发了凝胶—溶胶法制备 MWNTs/聚合物的方法。首先得到胺基化 MWNTs,通过偶合剂作用使氨基与 PU 分子链发生化学反应,从而将 MWNTs 复合到 PU 体系中。得到的复合材料均一而透明。小的 MWNTs 添加量就可以极大地提高杨氏模量和拉伸强度,而不损失弹性,表明 MWNTs 是 PU 材料极好的增强材料。同时,MWNTs/PU 复合材料表现出良好的光限幅特性,可以通过改变 MWNTs 的含量来适应所需的透光度和透过光能。

Liu 等[203,204]利用直接共混制备了 SWNTs/可溶性交联 PU 复合材料,这种复合材料具有可加工性能,并且在 2~18 GHz 范围内表现了很强的微波吸收能力,随着 SWNTs 含量增加,吸收峰值移向低位。

Xiong 等[205]对制备的胺基化 MWNTs/PU 弹性体进行了热性能及机械性能的研究。复合材料的玻璃化转变温度提高了 10℃ 左右,热稳定性大大增强。添加量达到 2wt% 时,可以使模量及拉伸强度明显提高。另外,他们合成了各相异性结构的聚丙二醇修饰的 SWNTs/PU 复合材料[206]。聚丙二醇修饰的 SWNTs 可以在聚合物集体中良好分散。场发射扫描电镜下观察,SWNTs 沿正交方向呈不同排列。在平行于固化过程中的压力方向的横截面上,SWNTs 倾向于竖直方向分布,而在垂直外力方向的横截面上,SWNTs 无规排列。受到拉伸作用后,在垂直外力方向的横截面上的 SWNTs 很容易取向,而在平行于固化过程中的压力方向的横截面上 SWNTs 并没有什么变化。

PU 在人体内耐生物老化、无害,不会引起炎症,而且 PU 的单体是氨基甲酸酯,与人体蛋白质是同系物。在众多的高分子材料中,PU 因具有相对良好的生物相容性和优异的力学性能[207],一直被作为重要的与血液直接接触的材料,用于制作人工心脏、介入性气囊、导管、心室辅助循环系统等[208-209]。大量的研究工作集中在通过各种化学和物理的手段在 PU 分子链上或在 PU 材料表面上接枝、固定化某些亲水性大分子、生理活性物质，提高 PU 的血液相容性。但是，大多数的改性方法在提高材料血液相容性的同时，都会对材料的力学性能带来一定的负面影响。CNTs 与 PU 的复合则形成一种新型的材料，既可改善血液相容性，又有优异的力学性能。

碳材料具有优异的血液相容性，聚醚型聚氨酯具有良好的生物相容性和优异的力学性能，将二者结合起来，可以大大提高材料表面的抗凝血性能。

Meng 等[210]将酸化后的表面富含氧原子的 MWNTs 通过在聚氨酯溶液中共沉积的方法制备了 MWNTs/聚氨酯复合材料，并重点对其血液相容性进行了研究，以用于心血管疾病的临床治疗。MWNTs 改性的聚氨酯弹性体对于血小板活化和红细胞的损坏等血液的不良影响均有所降低，表明 MWNTs 的加入更有利于抑制凝血的发生。

Liu 等[211]研究了 MWNTs 对固定在生物相容性的 PU 薄膜表面的血色素电荷转移率的有增强作用。MWNTs 的加入增加了血色素与 PU 之间的相互作用，改变了 PU 形态并改善了 PU 的渗透性和导电性，从而使生长的血色素获得了良好的电化学响应。同时，基于 PU 表面固定蛋白质的直接电荷转移而制备的生物传感器具有强大的分析性能，如敏感性、组装再造性寄存储稳定性等，为开发低电导率基体纳米生物传感器开辟了道路。

1.5 研究目的及主要研究内容

本书的研究目的是对 CNTs 表面进行化学修饰，使其被改性（modification）及功能化（functionalization）。借助表面的聚合物分子，提高 CNTs 在溶剂中及复合材料聚合物基质中的分散性,同时利用功能化 CNTs 表面的特定基团与聚合物基质之间发生的化学作用,产生化学键连接的界面,保证 CNTs 与基体间具有良好的粘结力,起到增强的效果。

本书主要采用"叠氮法"实现 CNTs 的表面修饰,即叠氮基团与 CNTs 表面发生环加成反应,通过形成 C—N—C 的三元环结构将聚合物连接到 CNTs 的表面。探索出了一种 CNTs 表面化学修饰的普适方法,将引入了叠氮基团的一系列聚合物共价连接到 CNTs 的表面。并采用红外光谱、透射电镜、紫外光谱、X 射线光电子能谱、拉曼光谱等对修饰前后的产物进行了详细表征,从多方面证明了聚合物在 CNTs 表面的共价接枝等问题。并将此修饰方法应用于 CNTs 的功能化研究方面,利用叠氮基团将端羟基聚合物及化合物接枝到 CNTs 表面,制备了可作为聚氨酯合成扩链剂的羟基功能化 CNTs,并探索性地将其应用于合成 CNTs/聚氨酯复合材料。

本书研究包括了以下几项内容:

(1)首先获得具有一端为叠氮基($-N_3$)封端的线性聚苯乙烯(PSt),分别与 SWNTs 和 MWNTs 在高温长时间条件下反应,证明了叠氮基团与 SWNTs 和 MWNTs 之间均可以发生环加成反应,从而将 PSt 接枝到 CNTs 上,提高 CNTs 在有机溶剂中的分散性。将表面聚苯乙烯进行磺化反应,研究了引入的磺酸基团对提高 CNTs 在水溶液中的分散性的作用。并研究了线性聚合物分子量对 CNTs 表面修饰密度的影响。

(2)通过 ATRP 反应与自缩合乙烯基聚合结合,制备具有多个 Br 端基的超支化聚对氯甲基苯乙烯,经过叠氮化将超支化聚合物接枝到 MWNTs 表面。希望利用超支化聚合物的支化结构导致的溶解性提高,及超支化聚合物的体积位阻的作用,更好地阻止 MWNTs 的团聚。同时,通过增加超支化聚合物端基—N₃基的数量来提高—N₃基反应的机会,获得更高的修饰密度。

（3）利用在聚乙二醇单甲醚（mPEG）非甲基端基预先引入的叠氮基团与MWNTs表面发生反应,形成C—N—C的共价键从而将聚乙二醇低聚物连接到MWNTs表面,改善了CNTs在水溶液中分散性,并与"酸化法"制备的mPEG修饰MWNTs在透射电镜下对比观察,对比两种不同修饰过程对MWNTs长径比及结构本身的影响。

（4）通过ATRP制备了一端以溴封端的聚苯乙烯-聚甲基丙烯酸特丁酯的嵌段共聚物,将其叠氮化后,利用叠氮基将嵌段共聚物接到MWNTs的表面上,最后将表面的嵌段共聚物水解之后得到两亲性嵌段共聚物修饰的MWNTs。改变两种单体的聚合顺序,调节了亲油、亲水嵌段在MWNTs表面的连接顺序。研究了两亲性MWNTs在溶剂（氯仿、水）中的分散稳定性,及两亲性MWNTs在氯仿/水的界面行为。并初步探索了得到的两亲性MWNTs在选择性溶剂（氯仿、乙醇）的自组装能力。

（5）将聚乙二醇、季戊四醇端基的—OH部分的转化为—N₃,引入MWNTs表面得到了羟基化MWNTs。将这种带有—OH的MWNTs在合成聚氨酯（PU）的过程中加入,研究了不同材料修饰的MWNTs对PU拉伸性能不同程度的改善及机理,探索出MWNTs加入量对改性PU力学性能的影响,利用DSC对PU基体的微相分离结构进行了分析,对比了"叠氮法"与常用的"酸化法"对提高复合材料拉伸性能方面的差异。

第2章
聚苯乙烯修饰碳纳米管表面的研究

2.1 引　　言

　　CNTs 是由片层结构的石墨卷成的无缝中空的纳米级同轴圆柱体，圆柱体两端各有一个由半个富勒烯球体分子形成的"帽子"。CNTs 的管壁碳原子是以 sp^2 杂化为主的混合杂化态存在，它的结构与 sp^2 杂化的石墨和 sp^3 杂化的金刚石不同，可以看成为石墨的六角形网络结构发生一定的弯曲而形成的空间结构。碳原子所形成的 σ 键发生弯曲，σ 键具有部分 p 轨道特征，π 键具有部分 s 轨道特征，形成的化学键同时具有 sp^2 和 sp^3 混合杂化状态特征，但以 sp^2 杂化为主。

　　正是由于与石墨不同的价态状态，即扭曲的 sp^2 杂化状态导致 CNTs 管壁碳原子具有比石墨平面碳原子强很多但比 C_{60} 差的化学反应性。管壁上 sp^2 杂化碳原子形成大 π 键共轭体系，使之可以发生加成反应。C_{60} 化学以加成为特征，C_{60} 发生这类反应相对比较容易。C_{60} 与叠氮化合物的反应是一类对 C_{60} 进行衍生化的重要手段[212-214]。C_{60} 与叠氮化合物反应生成 C_{60} 的亚氨基衍生物，一般认为是 C_{60} 与叠氮化合物先经过环加成反应生成一个五元环的中间体，然后，这个中间体在热或

光的作用下失去 N_2，生成 C_{60} 的亚氨基衍生物。我们试图将这一方法移植到 CNTs 的表面修饰上来，探索叠氮基团在 CNTs 表面修饰中的作用。

在目前的研究中，绝大部分的 CNTs 表面化学修饰是通过酸化处理在 CNTs 表面引入羧酸基团，然后进行酰氯化、醇化或氨基化，进而在 CNTs 表面引入聚合物分子。不幸的是，强酸处理会引入大量缺陷，破坏 CNTs 侧壁碳原子的 sp^2 杂化 π 键电子的对称性及 sp^2 杂化键超高强度，从而破坏并降低 CNTs 优异的力学及电学性能[215]。利用叠氮基团作为反应基团直接与 CNTs 发生反应，可以避免对 CNTs 进行酸处理所造成对管壁的破坏，从而在表面修饰的同时，保留了其自身结构及性能的完整性。

利用叠氮基团作为反应基团直接与 CNTs 发生反应，属于"接入法"（grafting to），即预先合成所需的聚合物，然后对其进行端基功能化，再在一定条件下将端基功能化的聚合物与 CNTs 进行共价键接枝，从而可以得到聚合物修饰的 CNTs。而"接出法"（grafting from）是采用另一种思路，即首先将带有可引发基团的小分子以共价键结合到 CNTs 的表面，然后再引发单体聚合，从而得到聚合物修饰的CNTs。与"接出法"相比，接入法可以预先合成所需的聚合物，故其接枝到 CNTs 表面的聚合物分子量和结构都可以预先确定；而后者聚合过程不可控，接枝到 CNTs 表面的聚合物分子量以及结构均不可预知。

为了得到端部为叠氮基团的聚合物，我们考虑到原子转移自由基聚合（ATRP）可以制备端基为特定基团的聚合物，选用了 2-溴丙酸乙酯作为引发剂，引发 ATRP 反应中常见单体苯乙烯的活性聚合，得到的聚苯乙烯（PSt）的一侧端基为 Br 原子。Br 原子进行叠氮反应后，得到一侧为叠氮基团封端的 PSt。这种 PSt 的叠氮衍生物与 CNTs 表面进行环加成反应,制得表面经 PSt 接枝修饰的 CNTs,从而提高了 CNTs 在有机溶剂中的分散性。本章利用多种表征手段证明了聚合物以共价键的形式连接在 CNTs 的表面上。研究分别涉及 SWNTs 和 MWNTs。另外,ATRP 方法制备的 PSt 具有很窄的相对分子质量(以下简称分子量),因此,我们研究了聚合物分子量对于 CNTs 表面接枝密度的影响。本研究采用的 CNTs 表面化学修饰的方法,适用于可进行 ATRP 反应的所有单体,从而可以根据 CNTs 的具体应用领域,考虑表面聚合物的种类及有效控制聚合物的修饰量。最后,通过 CNTs 表面的 PSt 发生磺化反应,使 CNTs 表面共价接枝的物质转变为水溶性,研究了表面接枝不同极性聚合物的 CNTs 在极性和非极性溶剂中的分散性。

2.2 实 验 部 分

2.2.1 原料

SWNTs:管径 1~2 nm,长度 5~30 μm,纯度≥90;MWNTs:管径 8~15 nm,长度~50 μm,纯度≥90,均为中国科学院成都有机化学有限公司生产;

苯乙烯:化学纯,中国医药集团上海化学试剂公司生产,使用前用 NaOH 溶液洗涤除去阻聚剂;

溴化亚铜:化学纯,上海润捷化学试剂有限公司生产,使用前用醋酸、丙酮反复洗涤至淡黄色;

2-溴丙酸乙酯(EBP):纯度 99%,Aldrich 公司生产;

2,2-联吡啶(Bipy):分析纯,上海润捷化学试剂有限公司生产;

叠氮钠:化学纯,浙江东阳迴龙化工厂生产;

N,N-二甲基甲酰胺(DMF,分析纯),四氢呋喃(THF,分析纯),甲醇(化学纯),1,2-二氯苯(DCB,化学纯),H_2SO_4(95%～98%):均为国药集团化学有限公司生产。

2.2.2　碳纳米管的表面修饰

1. PSt—Br 的制备

将 CuBr/Bipy 以摩尔比 1∶3 的比例置于反应瓶中,密封后抽真空,充氮气,重复操作 3 次,以保证 ATRP 反应在无氧环境下进行。用注射器注入苯乙烯单体和适量 DMF,常温搅拌 1 h。然后升温至 110℃,注入 EBP(CuBr∶EBP∶Bipy = 1 mol∶1 mol∶3 mol)。反应适当时间后,向反应瓶中加入 THF,充分溶解后,在甲醇中沉淀。过滤后滤饼重新用 THF 溶解,在甲醇中沉淀。重复操作 3 次后,过滤,真空干燥,得到白色的 PSt—Br 粉末。用凝胶色谱仪测定产物的分子量和分子量分布。

2. PSt—N₃ 的制备

称取适当比例的 PSt—Br 和叠氮钠溶于 DMF 中。25℃下搅拌反应 12 h。加入 THF 稀释,在甲醇中沉淀。过滤后滤饼用去离子水洗涤三次,过滤,真空干燥,低温环境下保存。

3. 聚苯乙烯修饰碳纳米管(CNTs—PSt)的制备

将 50 mg SWNTs 或 MWNTs 分别与 3 g 叠氮化的 PSt 在 1,2-二氯苯(DCB)中搅拌 24 h,然后在氮气保护环境中于 130℃下反应 60 h 冷却至室温,混合物用适量 DCB 稀释,超声波振荡 1 h,经 0.2 μm 孔径的偏氟乙烯膜过滤。滤饼用 DCB 洗涤数次,直至滤液滴加到甲醇中不会产生白色絮状沉淀为止。产物在 130℃真空干燥。

4. 磺化聚苯乙烯修饰碳纳米管(CNTs—SPS)的制备

将制备得到的 MWNTs—PSt 平均分为三份,在 100℃ 下每隔 15 min 分别加入装有浓硫酸的三颈瓶中。在所有 MCNTs—PSt 加入后反应持续 4 h。所得混合物加入到大量去离子水中,经 0.2 μm 孔径的偏氟乙烯膜过滤。滤饼用去离子水洗涤数次,直至滤液 pH 值为 7。产物真空干燥。

2.2.3 测试与表征

分子量和分子量分布采用 Waters150 GPC 仪(美国 Waters 公司)测试,单分散 PS 为标样,THF 为淋洗液,流速 1 ml/min,柱温 25℃。

红外光谱采用 EQUINOXSS 傅里叶红外光谱仪(德国 Bruker 公司)测试,KBr 压片法制样。

热失重采用 STA449C 热分析仪(德国 NETZSCH 公司)测试,升温速度:20℃/min,氮气气氛保护。

紫外光谱采用 U-3310 紫外-可见光分光光度计(日本 HITACHI 公司)测试,无水乙醇为标样。

CNTs 的形态结构观察采用 H-800 透射电镜(日本 HITACHI 公司)测试,加速电压:200 kV。

拉曼光谱采用 LABRam-1B 型显微拉曼光谱仪(法国 Dilor 公司)测试,激光波长:632.8 nm,功率:4.3 mW。

透光率用 721 分光光度计(上海航空测控技术研究所)测试。

X-射线光电子能谱(XPS)采用 PHI 5000C ESCA System(美国 PHI 公司)测试,采用条件为铝靶,高压 14.0 kV,功率 300 W,通能 93.9 eV,并采用 PHI-MATLAB 软件进行数据分析,以 C1s = 284.6 eV 为基准进行结合能校正。

2.3　结　果　与　讨　论

2.3.1　聚合物前驱体的制备与表征

1. ATRP 法制备 PSt—Br

以 2-溴丙酸乙酯/溴化亚铜/Bipy 为引发体系的苯乙烯聚合过程如下所示：

$$CH_3\!-\!\underset{\underset{O\!-\!C_2H_5}{|}}{\overset{\overset{Br}{|}}{\underset{\|}{C}H}\!-\!C}\ + CuBr/Bipy \rightleftharpoons\ \cdot CH_3\!-\!\underset{\underset{O\!-\!C_2H_5}{|}}{\overset{\dot{C}H}{\underset{\|}{C}}}\ + CuBr_2/Bipy$$

$$CH_3\!=\!\underset{\underset{O\!-\!C_2H_5}{|}}{\overset{\dot{C}H}{\underset{\|}{C}}}\ +\ CH_2\!=\!CH(C_6H_5)\ + CuBr/Bipy \longrightarrow\ CH_3\!-\!\underset{\underset{O\!-\!C_2H_5}{|}}{\overset{CH\!-\!CH_2\!-\!\ddot{C}H(C_6H_5)}{\underset{\|}{C}}}\ + CuBr_2/Bipy$$

$$\longrightarrow\ CH_3\!-\!\underset{\underset{O\!-\!C_2H_5}{|}}{\overset{CH\!-\!CH_2\!-\!CHBr(C_6H_5)}{\underset{\|}{C}}}\ + CuBr/Bipy\ \dashrightarrow\ \dashrightarrow\ \dashrightarrow$$

$$CH_3\!-\!\underset{\underset{O\!-\!C_2H_5}{|}}{\overset{CH\!-\![CH_2\!-\!CH(C_6H_5)]_{n-1}\!-\!CH_2\!-\!\dot{C}H(C_6H_5)}{\underset{\|}{C}}}\ + CuBr_2/Bipy \rightleftharpoons$$

$$CH_3\!-\!\underset{\underset{O\!-\!C_2H_5}{|}}{\overset{CH\!-\![CH_2\!-\!CH(C_6H_5)]_{n-1}\!-\!CH_2\!-\!CHBr(C_6H_5)}{\underset{\|}{C}}}\ + CuBr/Bipy$$

根据上述聚合机理可见，产物通过 ATRP 得到的 PSt 的端基上引入了一个 Br 原子。通过凝胶色谱仪测试,PSt 分子量 $\overline{M_n} = 3\,400$。

对上述产物进行红外光谱测定,结果见图 2-1 所示。从图中可见,在 $3\,030\ cm^{-1}$ 附近存在苯环中 C—H 的伸缩吸收峰,$2\,920\ cm^{-1}$ 处存在 —CH$_2$ 反对称伸缩吸收峰,$2\,848\ cm^{-1}$ 处具有 —CH$_2$ 对称伸缩吸收峰,$1\,729\ cm^{-1}$ 处存在引发剂残片中 C═O 的吸收峰,$1\,601\ cm^{-1}$ 处存在苯环中 C═C 伸缩吸收峰,$1\,497\ cm^{-1}$ 和 $1\,451\ cm^{-1}$ 为 —CH$_2$ 反对称变形或苯环的吸收峰,$763\ cm^{-1}$ 为芳环上 5 个相邻 H 的面外弯曲振动吸收峰,$703\ cm^{-1}$ 为芳环骨架弯曲振动,$538\ cm^{-1}$ 则为 C—Br 的伸缩吸收峰。因此可以认为,通过 ATRP 法得到了预期的 PSt—Br。

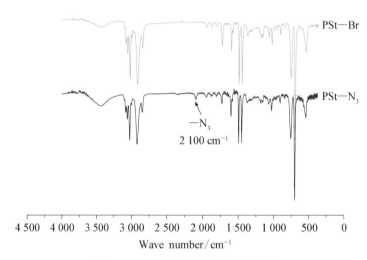

图 2-1　PSt 叠氮化前后的红外光谱

2. PSt—Br 叠氮化制备 PSt—N$_3$

由于采用 ATRP 技术合成的苯乙烯端基上含有一个卤素原子,通过叠氮钠与卤素原子的相互作用,可将 PSt—Br 端基上的 Br 原子转换成叠氮基团,得到 PSt—N$_3$。反应式可表示如下:

$$PSt\text{—}Br + NaN_3 \longrightarrow PSt\text{—}N_3 + NaBr$$

通过比较图 2 - 1 中 PSt 和 PSt—N_3 的红外光谱图可知,后者在 2 100 cm^{-1} 处出现了—N_3 的吸收峰,由此可证明叠氮基团已经被引入到 PSt 的端基上。但在 PSt—N_3 中仍可看到有 C—Br 的吸收峰存在,表明 PSt—Br 向 PSt—N_3 的转换并不彻底。这是因为聚合物与 NaN_3 在溶剂中的反应为非均相反应,导致了反应不完全。C—Br 峰面积与 703 cm^{-1} 处芳环骨架弯曲振动峰的面积积分之比由 0.47 降为 0.23,积分范围分别为 599～501 cm^{-1} 和 723～682 cm^{-1},说明 C—Br 峰强度减弱,一部分 C—Br 转变为 C—N_3。

2.3.2　聚合物修饰碳纳米管的制备与表征

1. PSt 修饰碳纳米管表面的研究

CNTs 与叠氮基的衍生物的反应类似于 C_{60} 与叠氮化合物的反应,先经过环加成生成五元环中间体,中间体在热的作用下(130℃)失去 N_2,从而完成叠氮基的衍生物向 CNTs 的加成。

在实验操作中,未与 CNTs 表面共价连接的 PSt 通过 THF 充分溶解后除去,直至滤液滴加到甲醇中没有白色的 PSt 絮状沉淀析出,证明过滤得到的 CNTs 表面不再带有未反应而残留在表面的聚合物。而且,虽然在利用红外光谱分析 CNTs 粉末时,发现由于黑色 CNTs 会吸收大部分的红外光线,致使 CNTs 的红外谱线非常弱,但这一缺陷可以通过适当减少的压片中CNTs的用量来弥补，从而可以利用红外光谱来表征CNTs的表面共价键连接的基团类型。将用PSt修饰前后的SWNTs的红外光谱（图2-2，图2-3）进行对比可以看出，经PSt修饰的SWNTs明显地出现了PSt的特征峰。未处理的CNTs仅在3 400 cm^{-1}，2 382 cm^{-1}，1 709 cm^{-1}，1 557 cm^{-1}，1 193 cm^{-1}等处出现极其微弱的吸收峰，而经PSt修饰之后，CNTs在3 024 cm^{-1}，2 914 cm^{-1}，1 554 cm^{-1}，1 490 cm^{-1}，1 451 cm^{-1}，754 cm^{-1}，696 cm^{-1}都出现了新的吸收峰，而且这些峰与纯PSt的吸收峰相吻合（图2-1）。其中未处理的CNTs在3 400 cm^{-1}处的峰为CNTs制备纯化过程中因氧化而引入的羧酸基团中—OH的峰，1 709 cm^{-1}为羧酸基团中C=O峰，1 193 cm^{-1}为羧酸基团中C—O峰，1 557 cm^{-1}为CNTs六元环中的碳原子碳-碳键（$sp^{2.38}$杂化）的伸缩振动产生的峰。

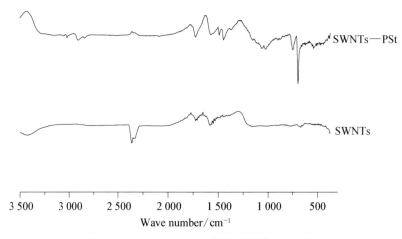

图2-2　SWNTs经PSt修饰前后的红外光谱

图2-4为经PSt修饰后的SWNTs、MWNTs的透射电镜照片。由于未经修饰的CNTs在乙醇中的分散性极差，在透射电镜下无法看到单独存在的CNTs(A)，而且放大倍数增大后，由于电镜的衬度很难满足，不能观察到明显的管状结构。而在PSt修饰后，CNTs在乙醇中的分散

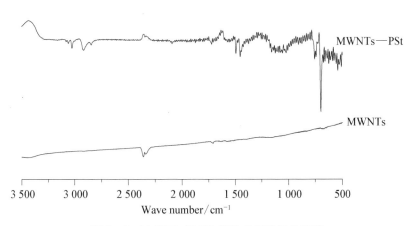

图 2 - 3　MWNTs 经 PSt 修饰前后的红外光谱

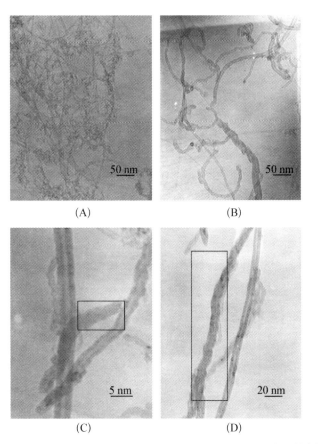

图 2 - 4　SWNTs(A)，SWNTs—PSt(B,C)，MWNTs—PSt(D)的透射电镜照片

性有明显的提高,CNTs 团簇变小(B),PSt 修饰后的 CNTs(C、D)局部包覆了聚合物层,两张图片中方框内部分均出现类似实心管的部位并且外部凹凸不平,由于壁厚增加使得成像衬度降低,从而全部呈现暗色。

通过修饰前后 CNTs 在溶剂中分散,测定透光度的变化,可以判断经 PSt 修饰的 CNTs 在溶剂中的分散性提高,其中在氯仿中的分散效果最好(表 2-1)。样品 0.1 mg 加入 20 ml 选定溶剂中,经超声波分散半小时,放置 48 h 后取上层清液进行透光度测试。分散有经 PSt 修饰的 CNTs 的溶剂透光度明显降低,证明在静置了相同的时间之后,修饰后的 CNTs 更多的分散在溶剂中,而不是沉淀在体系的底部。其中,在氯仿中的分散性得到最明显的改善。

表 2-1 PSt 修饰前后 CNTs 在溶剂中分散体的透光率

样 品 名 称	透 光 率			
	氯仿	DMF	乙醇	水
SWNTs	100%	100%	100%	100%
SWNTs—PSt	13%	66%	85%	99%
MWNTs	100%	100%	100%	100%
MWNTs—PSt	5%	45%	33.5%	70%

紫外光谱可以提供分子结构中芳香共轭性方面的信息,因此对经 PSt 修饰前后的 CNTs 进行了紫外光谱分析,结果如图 2-5 所示。

由图中可以看到,PSt 在 201 nm、243 nm 和 282 nm 处存在紫外吸收峰。纯 SWNTs 在 256 nm 存在最大的吸收峰。而经 PSt 修饰之后,分别在 198 nm、230 nm 和 260 nm 出现最大的吸收峰。这是由于新的共价键的产生破坏了原有的共轭结构,CNTs 的电子结构发生了变化,并与引入的 PSt 的紫外吸收峰叠加所致。同时,由于 CNTs 表面电子的共轭效应,PSt 各吸收峰发生了一定程度的蓝移。

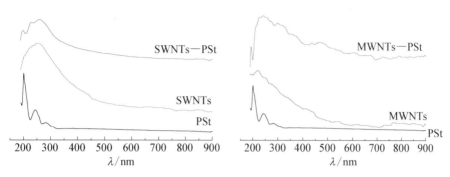

图 2 - 5　CNTs、PSt 及修饰前后 CNTs 的紫外光谱

同样,纯 MWNTs 在 222 nm 处存在最大的吸收峰。经 PSt 修饰之后,分别在 196 nm、244 nm 和 280 nm 处出现最大吸收峰。由于 MWNTs 本身结构缺陷比较多,因此,其紫外吸收光谱相对于 SWNTs 出现许多小的波动,曲线不光滑。

拉曼光谱已经被广泛地应用在 CNTs 的表征研究中。在纯 SWNTs 的拉曼光谱中存在三个峰,如图 2 - 6 所示。$\omega_r \approx 216 \text{ cm}^{-1}$ 为径向模式吸收带,与 SWNT 的管径大小有关,$\omega_t \approx 1\,590 \text{ cm}^{-1}$ 为切向模式吸收带,由 CNTs 六元环中 sp^2 杂化的碳原子振动产生,$\omega_d \approx 1\,290 \text{ cm}^{-1}$ 则由 CNTs 六元环中无序或 sp^3 杂化的碳原子振动产生。按照理论分析,当聚合物以共价键形式接入 CNTs 后,破坏了 CNTs 原有的对称结构,碳环中以 sp^2 杂化的数量相对减少,转化为 sp^3 杂化的碳原子。因此,ω_d 所对应的吸收强度应该增大。根据文献[216],我们假设激发辐射光的光强为 I_0,则 $I_{Raman} = KVCI_0$,公式中,V 为激光照射到样品上的体积;C 为样品的浓度(与含量成正比);K 对于不同的拉曼谱带为不同的常数。则有

$$I_{\omega_d}/I_{\omega_t} = C_{SP^3}/C_{SP^2} \qquad (2-1)$$

即 ω_d 与 ω_t 所对应的吸收强度之比等于 sp^3 杂化的碳原子与 sp^2 杂化的碳原子的含量之比。本书采用比较积分强度的方法来相对比较准确地

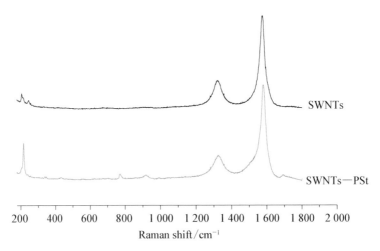

图 2-6　SWNTs 经 PSt 修饰前后的拉曼光谱

确定 ω_d 与 ω_t 所对应的吸收强度变化,用曲线拟合工具得出相应峰的积分面积,采用峰面积积分法计算拉曼峰强度。对于 SWNTs,ω_d 对应的拉曼峰 1 324 cm^{-1} 的积分范围为 1 208~1 400 cm^{-1},ω_t 对应的拉曼峰 1 579 cm^{-1} 的积分范围为 1 453~1 677 cm^{-1}。以拉曼峰两侧相应两点的连线作为积分峰面积的基线。计算结果为 $I\omega_d/I\omega_t$ 由 0.11 提高为 0.38,证明了聚合物确实是以共价键的形式与 CNTs 连接,因此,碳管表面的 sp^3 杂化的碳原子数量增加。而对于 MWNTs(图 2-7),ω_d 对应的拉曼峰 1 320 cm^{-1} 的积分范围为 1 000~1 430 cm^{-1},ω_t 对应的拉曼峰 1 570 cm^{-1} 的积分范围为 1 500~1 700 cm^{-1}。计算结果为 $I\omega_d/I\omega_t$ 由 1.97 提高为 2.16。对于 SWNTs,$I\omega_d/I\omega_t$ 修饰之后提高了 245%,而 MWNTs,$I\omega_d/I\omega_t$ 修饰之后仅提高了 9.6%。这可能是因为 MWNTs 制备过程中残留的无定形炭粒子在反应过程中从管表面脱落,由此产生的 ω_d 强度减弱与 sp^2 杂化的碳原子被取代导致的 ω_d 强度增强相互抵消,减弱了 sp^3 杂化碳原子增加所引起的 $I\omega_d/I\omega_t$ 数值增加。从 MWNTs 的拉曼光谱中可以看到,sp^3 杂化碳原子对应的 ω_d 的峰强很大,甚至超过了 sp^2 杂化碳原子对应的 ω_t 的峰强,说明其表面本身存在大量的无定型碳杂质或本身结构有很大缺陷。尤其是经 PSt 修饰的 MWNTs,在 ω_t 附近出现一个肩峰,该峰被定义为 D′峰,主要与 CNTs 的无序程度有关,当 CNTs 表面结构无序程度提高时,该峰才会被观察到[216]。同样证明,PSt 通过共价键与 CNTs 表面连接。

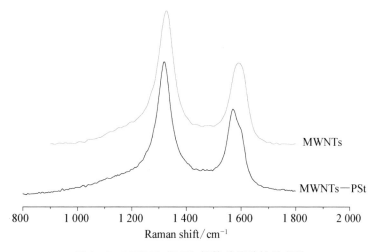

图 2 - 7　**MWNTs 经 PSt 修饰前后的拉曼光谱**

C_{60} 与叠氮化合物反应生成 C_{60} 的亚氨基衍生物,一般认为是 C_{60} 与叠氮化合物先经过环加成反应生成一个五元环的中间体,然后这个中间体在热或光的作用下失去 N_2,生成 C_{60} 的亚氨基衍生物[230-232]。为了考察—N_3 与 CNTs 表面反应后的 N 原子的存在形式,采用 XPS 技术对 N 的 1s 电子峰进行谱线分离,对 N 的 1s 电子结合能进行了分析,结果见图 2 - 8 所示。PSt 端基的—N_3 在 407.2 处强度较大的峰在与 CNTs 反应后消失。414~408 eV 对应的峰变弱,400.4 eV 对应的峰加宽。化学环境的改变对 N1s 壳层电子结合能发生了影响,N 原子价态由—N_3 中复杂的状态变成 C—N—C 三元环中的单一态。可见,—N_3 与 CNTs 之间的反应类似于其与 C_{60} 的反应,生成的是亚氨基衍生物。

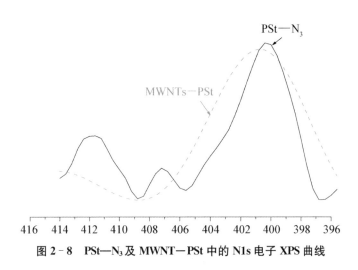

图 2 - 8　PSt—N₃ 及 MWNT—PSt 中的 N1s 电子 XPS 曲线

图 2 - 9 和图 2 - 10 所示为 PSt 及 SWNTs、MWNTs 经 PSt 修饰前后的热失重曲线。从图中可见,在氮气环境中,纯的 CNTs 在温度高达 900℃ 时也无明显的质量损失,少量的质量损失是由 CNTs 制备过程中残留的杂质(主要是无定型碳、催化剂等)所引起。经 PSt 修饰后的 SWNTs 在 337℃ 左右开始有明显的失重,失重率约为 37.5%。MWNTs 在 310℃ 左右开始有明显的失重,失重率约为 42.8%。质量损失由连接在表面上的 PSt 热分解产生。由于本实验将 ATRP 法合成的高分子链直接接入 CNTs 的表面,而且 ATRP 法制得的 PSt 分子量分布窄,若不考虑尚未分解的少量残片,通过修饰密度公式(式(2-2))可以计算出,修饰密度为 SWNTs 中平均每 472 个碳原子连接上一条 PSt 链,而 MWNTs 中平均每 378 个碳原子连接上一条 PSt 链。可见 MWNTs 中较多的结构缺陷更有利于聚合物的接枝。

修饰密度={(1-失重率)/C 原子量}

÷(失重率/聚苯乙烯分子量)　　(2 - 2)

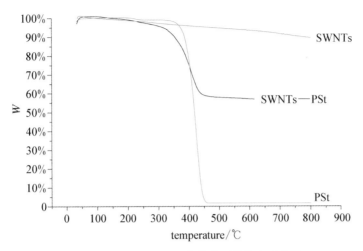

图 2-9　PSt 及 SWNTs 修饰前后的热失重曲线

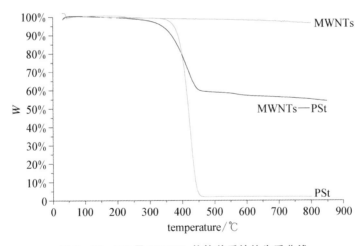

图 2-10　PSt 及 MWNTs 修饰前后的热失重曲线

2. PSt 分子量对碳纳米管表面修饰密度的影响

PSt 的分子量不同,对 CNTs 的修饰效果也会有不同。抽取不同聚合时间的聚合产物,经分离、精制后,用 GPC 测定其分子量。我们合成了三种不同分子量的 PSt,分别为 2 h 产物 PSt-2 h($\overline{\mathrm{M}}_n = 2\,000$),4 h

产物 PSt-4 h ($\overline{M}_n = 2\,500$)，6 h 产物 PSt-6 h ($\overline{M}_n = 3\,400$)，8 h 产物 PSt-8 h ($\overline{M}_n = 7\,700$) 并通过叠氮法接到 SWNTs 上，最后用热失重的方法分析其接入量，在几组数据中，保持 SWNTs 用量与 PSt 的物质的量不变。结果见图 2-11 及表 2-2。

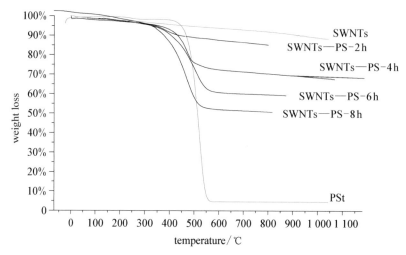

图 2-11 PSt 及 SWNTs 经不同分子量 PSt 修饰前后的热失重曲线

表 2-2 PSt 分子量对 SWNTs 表面 PSt 含量及修饰密度的影响

样 品 名 称	PSt 分子量	失重率	修饰密度(PSt 链数/C 个数)
SWNTs—PSt-2 h	2 000	5.7%	1/2 757
SWNTs—PSt-4 h	2 500	21.6%	1/756
SWNTs—PSt-6 h	3 400	37.5%	1/472
SWNTs—PSt-8 h	7 700	45.5%	1/768

从表 2-2 的数据中可以看出，修饰后 SWNTs 随着 PSt 分子量的增加，失重率首先呈现增加的趋势，修饰密度变大，说明单根 SWNTs 连接上的 PSt 链逐渐增多。分析其原因，可能是由于在叠氮化反应中，高分子量的 PSt 端基的卤素原子能更有效的转化为叠氮基团，使得在下一

步的反应中有相对多的叠氮基存在,从而发生了较多处的叠氮环加成反应。这是由于线形聚合物的卤素基团悬挂在碳链主链上,因碳链较柔软,容易弯曲,因而叠氮过程中活性基团容易碰撞而交联,随着较低分子量聚合物中含氯量相对增加,叠氮化时发生交联的可能性也增加,这一猜想正好与实验过程中发现与 SWNTs 反应过程中出现白色不溶物的现象相吻合。由此可以推断,欲提高 PSt 对 CNTs 的修饰效果,可以通过增加 PSt 的分子量来达到。但是,一旦分子量超过一定数值之后,随着分子量增加,含氯量减少,即可能转化为叠氮基的前体单元较少,即使分子量增加,也不会有更大的可反应叠氮基,所以修饰密度停止继续升高,反而呈现下降的趋势。从而,可以通过 CNTs 的具体应用领域,考虑到表面聚合物对纳米管本身特有性能的影响程度,有效控制聚合物的修饰量。

3. 磺化 PSt 修饰多壁碳纳米管(MWNTs—SPS)表面的研究

磺化聚苯乙烯(SPS)是一种离子型聚电解质,当磺化度达到 50% 以上时,其在水中溶解度提高,可以达到充分溶解程度。制备 SPS 修饰的 CNTs,可以通过两种途径:直接将 SPS 接入 CNTs 表面或将预先接枝在 CNTs 表面的聚苯乙烯进行磺化反应。制备具有特定官能团末端的 SPS 相对比较烦琐并且无市售,本章采用后一种方法。反应过程如下:

图 2-12 为 SPS 修饰 MWNTs 的透射电镜照片。样品分散在乙醇中,滴到铜网上观察。在相同的面积范围内,观察到的 MWNTs—SPS 的数量较 MWNTs 明显减少图(A),图(B),表明 SPS 的引入有效地打开 CNTs 的团簇,CNTs 之间的缠绕程度降低。显然,这是由于 MWNTs—SPS 在极性溶剂乙醇中的分散能力改善。极性的 SPS 倾向于使 CNTs 均匀分散在极性溶剂中,同时,SPS 在乙醇中的溶剂效应作用也会得到同样的效果。从图(C)中截取一段放大,如图(D)所示,可以看到 CNTs 表面包覆了一层颜色较管壁颜色浅的聚合物层。

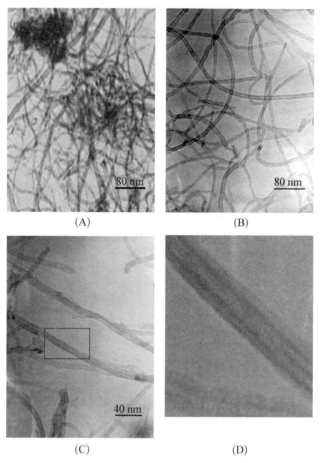

图 2-12 MWNTs(A)和 MWNTs—SPS(B,C,D)的透射电镜照片

为了考察 SPS 修饰 CNTs 在水溶液及有机溶剂中的分散稳定性，使其分别分散在极性的去离子水和弱极性的氯仿中，放置一定时间后观察 CNTs 的聚集情况。图 2‑13 为 MWNTs—SPS 和 MWNTs—PSt 悬浊液放置 12 h 后的实时照片。可以看到，磺化反应导致了 MWNTs—PSt 在水中的分散稳定性变好（图(B)）。虽然 MWNTs—PSt 可以在氯仿中稳定分散 12 h（图(C)），但磺化反应之后，放置 12 h 的 MWNTs 又重新聚集在底部（图(D)）。这个结果符合相似相容原理及溶剂效应。PSt 分子的极性由于—SO_3H 的引入而增强，使得修饰的 MWNTs 在极性的水中分散性提高而在弱极性的氯仿中分散性反而降低。同时，聚阴离子 SPS 使得管间存在强的空间排斥作用，使得 MWNTs 彼此更倾向分离，可以长时间在去离子水中保持稳定分散状态。

(A)　　　　　　(B)　　　　　　(C)　　　　　　(D)

图 2‑13　MWNTs—PSt 在去离子水中(A)，MWNTs—SPS 在去离子水中(B)，MWNTs—PSt 在氯仿中(C)，MWNTs—SPS 在氯仿中(D)

2.4　本　章　结　论

（1）通过叠氮基团作为反应中间体，可以将叠氮衍生物接入 SWNTs 和 MWNTs 的表面。研究表明，引入叠氮基团是 CNTs 表面化学修饰的一种有效方法。将 ATRP 法制得的一端含有叠氮基的 PSt 以共价键接入到 CNTs 的表面上,实现 CNTs 的表面修饰,该种方法同时适用于 SWNTs 和 MWNTs。

(2) 通过红外光谱、紫外光谱、拉曼光谱、透射电镜等方法对经 PSt 修饰前后 CNTs 进行了表征和对比,证明 PSt 已通过共价键连接到 CNTs 表面上。通过 721 分光光度计,测试了 CNTs 在不同溶剂中的分散稳定性,表明表面 PSt 的存在不同程度地改善了 CNTs 在典型溶剂中的分散性。

(3) 利用 XPS 研究了 N 原子在叠氮基团和 CNTs 表面的两种不同化学环境下,最外层电子结合能的变化,结果显示 N 原子最外层电子结合能由叠氮基团中复杂的三元化学态转变为 CNTs 表面 C—N—C 三元环中的单一态,证明叠氮基团与 CNTs 反应机理类似于其与 C_{60} 的环加成反应。

(4) 热失重分析表明,采用本研究的修饰方法,修饰后的 SWNTs 上 PSt 接枝量约为 37.5%,MWNTs 的接枝量约为 42.8%。折算成接枝密度,则 SWNTs 中平均每 472 个碳原子中接有一根 PSt 链,MWNTs 中平均每 378 个碳原子中接有一根 PSt 链。MWNTs 中较多的结构缺陷更有利于聚合物的接枝。

(5) 为了能够有效控制 CNTs 表面接枝聚合物的含量,研究了不同分子量 PSt 对 SWNTs 接枝量及接枝密度的影响。结果表明,PSt 的修饰量随着 PSt 的分子量的增加而呈现先提高后降低的趋势,可以通过控制分子量的方法来调节聚合物对 CNTs 的修饰效果。

(6) 通过磺化反应,可以将 CNTs 表面的 PSt 转化为 SPS。—SO_3H 的引入提高了 CNTs 在水溶液中的分散稳定性。

第3章

超支化聚对氯甲基苯乙烯修饰碳纳米管表面的研究

3.1 引　　言

在第 2 章的研究中,用叠氮化的 PSt 与 CNTs 表面反应,试图改善 CNTs 在有机溶剂中的分散性,但是实验数据表明,修饰后的 CNTs 在典型溶剂中的分散性只能得到有限的提高。究其原因,是由于表面 PSt 修饰的密度不足够高,接枝到 CNTs 表面的 PSt 不能很大程度提高 CNTs 的分散性。由于 CNTs 表面的化学惰性,—N_3 与 CNTs 的反应活性比较低,尤其以长链的聚合物作为反应单元,处于端基的—N_3 数量少,更减少了 PSt 接枝到 CNTs 表面的机会。

为了解决这一由于聚合物长链分子中的功能基团数量少而导致接枝密度低的问题,我们自然而然想到了超支化聚合物。若超支化聚合物的枝端基以众多的卤素原子封端,经叠氮化后,则可转变为大量的—N_3 末端。通过增加—N_3 基团含量,来提高叠氮基反应的机会,可以获得更高的修饰密度。自 20 世纪 80 年代中期,Dupont 公司的 Kim 等人[217] 实现了室温下丙烯酸酯单体的活性聚合以来,超支化聚合物的研究已有近 20 年的历程。超支化聚合物是树枝状大分子的同系物,其结构是从一个中心核出发,由支化单体 ABx 逐级伸展开来,或者是由中心核、数层支化单元和外围基团通过化学键连接而成的。与分子量相近的线型大分子相比,超支化聚合物含有大量的端基,并且溶解性有很大的提高。例如,超支化聚苯和芳香聚酰胺可溶解在有机溶剂中,而对应的线型聚合物则由于主链的刚性,在有机溶剂中几乎不能溶解[218]。

为了获得端基为卤素原子的超支化聚合物,采用 ATRP 法进行自缩合乙烯基聚合,合成超支化聚合物聚对氯甲基苯乙烯(PCMS),该聚合物每个分枝以卤素原子封端。自缩合乙烯基聚合方法是由 Frechet 等[219]在 1995 年提出用于超支化聚合物制备的,用这种方法制备超支化聚合物时,采用的单体 AB 中含有两部分:A 为有聚合能力的乙烯基,B 则是经过活化可转变为能引发聚合的活性中心 B* 的基团。因此,这种单体既具有聚合能力,又具有引发能力,被称为引发单体(inimer)。乙烯基单体在外激发作用下活化,产生多个活性自由基,形成新的反应中心,引发下一步的反应。

同样利用叠氮化反应将 PCMS 端基大量的卤素原子转换为—N_3。最后通过—N_3 与 SWNTs 及 MWNTs 的反应将超支化聚合物接到 CNTs 的表面上,此项研究可以进一步证明叠氮衍生物在 CNTs 表面修饰中的作用,同时弥补线性聚合物修饰密度低的缺点,并且充分利用超支化聚合物溶解性和空间位阻方面的特点。

3.2　实　验　部　分

3.2.1　原料

SWNTs:管径 1~2 nm,长度 5~30 μm,纯度≥90%;MWNTs:管

径 8~15 nm,长度~50 μm,纯度≥90%,均为中国科学院成都有机化学有限公司生产;

对氯甲基苯乙烯(CMS):分析纯,Aldrich 公司生产,使用前氢化锂铝回流干燥约 2 h 后减压蒸馏,低温保存;

氯化亚铜:化学纯,上海润捷化学试剂有限公司生产,使用前用醋酸、丙酮反复洗涤至淡黄色;

2,2-联吡啶(Bipy):分析纯,上海润捷化学试剂有限公司生产;

叠氮钠:化学纯,浙江东阳迥龙化工厂生产;

N,N-二甲基甲酰胺(DMF,分析纯),四氢呋喃(THF,分析纯),甲醇(化学纯),1,2-二氯苯(DCB,化学纯),1,4-二氧六环(分析纯),二甲亚砜(DMSO,分析纯),一氯代苯(化学纯),甲醇:分析纯,均为国药集团化学有限公司生产。

3.2.2　碳纳米管的表面修饰

1. 超支化 PCMS 的制备

将 CuCl/Bpy 以摩尔比 1:3 的比例置于反应瓶中,密封后抽真空,充氮气,重复操作 3 次,以保证 ATRP 反应在无氧环境下进行。用注射器注入 CMS 单体和适量 DMF,常温搅拌 1 h。然后升温至 120℃,注入 EBP(CuCl:EBP:Bipy = 1 mol:1 mol:3 mol)。在甲醇/水(V/V=1/1)混合溶剂中沉淀,反应适当时间后,向反应瓶中加入 THF,充分溶解后,在甲醇/水(V/V=1/1)混合溶剂中沉淀,得浅绿色粉末。过滤后滤饼重新用 THF 溶解,在甲醇/水(V/V=1/1)混合溶剂中沉淀。重复操作 3 次后,过滤,真空干燥,得到超支化 PCMS 的白色粉末。

2. 超支化 PCMS—N_3 的制备

将过量的 NaN_3,置于三颈瓶中,加入二甲基亚砜溶解。升温至

120℃。将定量的 PCMS 溶解于 1,4-二氧六环中,置于滴液漏斗中,缓慢滴入 NaN₃ 的二甲基亚砜溶液中,约 30 min 滴完。再继续反应 5 h,得到的棕色溶液在去离子水中沉淀,得到粉末状固体。过滤后,用适量去离子水洗涤 3 次。然后移入适量一氯代苯中,待完全溶解后加入无水硫酸镁,静置,使溶液澄清。过滤除去无水硫酸镁,产物在低温环境下保存。

3. 超支化 PCMS 修饰碳纳米管(CNTs—PCMS)的制备

将 SWNTs 或 MWNTs 分别加入到溶有叠氮化的超支化 PCMS 的一氯代苯溶液中,在反应瓶中抽真空,通氮气,重复 3 次。搅拌 24 h,然后于 120℃下反应 60 h。冷却至室温,混合物用适量一氯代苯稀释,超声波振荡 1 h,经 0.2 μm 孔径的聚偏氟乙烯膜过滤。滤饼用四氢呋喃洗涤数次,直至滤液滴加到去离子水中不会产生白色絮状沉淀为止。产物在 120℃真空干燥。

3.2.3　测试与表征

氯含量的测试经氧瓶燃烧处理,以间氯苯甲酸为标样,采用美国 Dionex 500 离子色谱仪测试。

其他测试和表征同第 2 章。

3.3　结果与讨论

3.3.1　聚合物前驱体的合成与表征

1. ATRP 法制备超支化 PCMS—Br

本研究采用自缩合乙烯基聚合(SCVP)与 ATRP 反应的结合合成超支化聚合物。引发单体 CMS 在 CuCl/bpy 催化下,氯甲基上的氯原

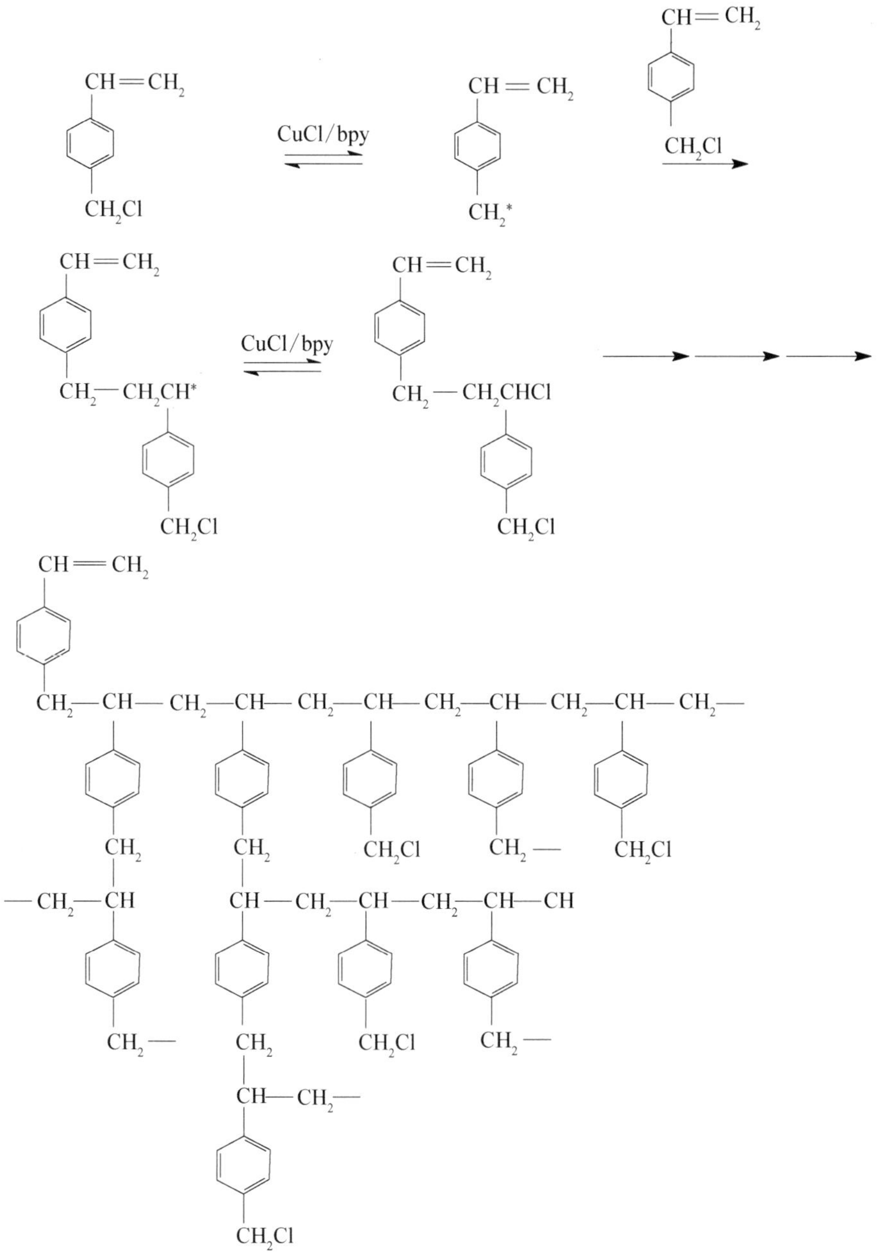

图 3‑1　通过 ATRP 法制备超支化聚合物 PCMS 的反应机理

子发生转移,生成 CuCl₂ 和苄基自由基,这种苄基自由基与对氯甲基苯乙烯上的双键进行加成,生成一个新的自由基,同时又引入一个氯甲基。反过来,新的自由基也可被 CuCl₂ 可逆钝化而失活。结果生成的聚合物上悬挂有氯甲基,并在端基上含有一个氯原子。所有这些氯原子均可被重新活化形成自由基继续引发单体进行聚合,得到新的自由基和两个氯甲基,最终结果是每加成一个单体,增加一个氯甲基活性中心。此外,每一个大分子中仅有一个乙烯基,它也可被结合进增长的聚合链中,最终形成超支化的结构(图 3-1)。

对所合成的超支化 PCMS 进行了红外光谱分析,其典型光谱见图 3-2。从图中可以看到,出现了 PCMS 应具备的典型吸收峰。3 022 cm⁻¹ 附近为苯环中 C—H 的伸缩吸收峰,2 996 cm⁻¹ 为—CH₂ 反对称伸缩吸收峰,2 923 cm⁻¹ 为—CH₂ 对称伸缩吸收峰,1 729 cm⁻¹ 为引发剂残片中 C=O 的吸收峰,1 604 cm⁻¹ 和 1 444 cm⁻¹ 为苯环的骨架振动吸收峰,1 265 和 966 cm⁻¹ 位置则出现引发剂残片中酯基(C—O—C(O))的两个伸缩振动吸收峰,且 1 266 cm⁻¹ 处有氯甲基—CH₂ 特征吸收峰。794 cm⁻¹ 为对位取代的苯环上 C—H 面外弯曲振动吸收峰,703 cm⁻¹ 为芳环骨架弯曲振动,550 cm⁻¹ 为 C—Cl 的

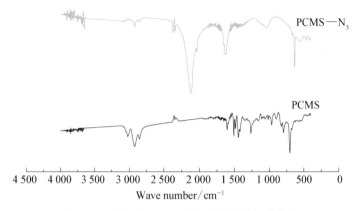

图 3-2 超支化 PCMS 叠氮化前后的红外光谱

伸缩吸收峰。

2. PCMS—Br 叠氮化制备 PCMS—N₃

超支化聚合物端基带有大量的特征基团。ATRP 法合成的超支化 PCMS 在枝端基上带有很多的卤素原子。卤素原子可以与 NaN₃ 反应从而将卤素原子转变为—N₃基，使超支化聚合物带上大量的可以与碳纳米管表面反应的叠氮基团。

叠氮钠与聚合物的反应是一个非均相反应。很难找到一种溶剂既能溶解叠氮钠也可溶解聚合物。在用叠氮钠置换聚苯乙烯端基的卤素原子时，选用的溶剂是 N,N-二甲基甲酰胺（DMF），结果发现该体系在反应结束时有大量不溶性白色粉末剩余，这是未反应的叠氮钠以及叠氮基交联的产物。并且在叠氮后聚苯乙烯的红外光谱中发现，—N₃峰出现但不明显，而且卤素原子还有部分剩余，反应并不完全。这都是由于叠氮钠在 DMF 中的溶解性小，导致反应体系中，叠氮基含量相对不足，卤素反应不完全。另一方面，叠氮基的反应活性很强，只有在满足叠氮基大量过量的情况下，苄基氯在短时间内转化为叠氮基团，才不会导致已经交换到聚合物端基的叠氮基继续与其他聚合物链端基的苄基氯交换，形成交联产物。由此可见，欲达到聚合物的高叠氮化，溶剂的选择是关键。本研究采用将超支化 PCMS 溶于 1,4-二氧六环，NaN₃溶于二甲基亚砜（DMSO）中，然后将聚合物溶液在搅拌条件下缓慢滴加到 NaN₃溶液中的方法，可以尽量地保证叠氮基大量过量，提高叠氮化程度。从其中一个配方得到的 PCMS 叠氮化前后的红外光谱可以看出，在叠氮化后，聚合物的红外光谱上出现了明显 2 100 cm⁻¹ 处的—N₃的非常强吸收峰，叠氮化程度有很大的提高。通过元素分析测试叠氮化前后，氯原子的含量证明氯原子已经几乎全部转变为叠氮基。

3.3.2 超支化聚合物修饰碳纳米管的制备与表征

1. 超支化 PCMS 修饰碳纳米管表面的研究

CNTs 与叠氮基的反应类似于 C_{60} 与叠氮化合物的反应,先经过环加成生成五元环中间体,中间体在热的作用下失去 N_2,从而完成叠氮基向 CNTs 的加成。在前面的工作中,已经利用氮原子与 CNTs 表面两个碳原子组成三元环,从而使聚苯乙烯通过 N 原子与 CNTs 的表面连接。在本研究中,用超支化聚合物 PCMS 代替聚苯乙烯,主要从以下几个方面考虑:

(1) 超支化聚合物与线性同系物在性能上的区别之一,就是其支化结构导致的溶解性提高,并且超支化聚合物的体积位阻的作用可以阻止 CNTs 的团聚。

(2) 超支化聚合物富含大量的特征基团。ATRP 法合成的超支化 PCMS 的每个端基都含有一个氯原子。用叠氮化的聚合物与 CNTs 表面反应,试图改善 CNTs 在有机溶剂中的分散性,CNTs 表面修饰的密度高低,直接关系到 CNTs 的分散性的改善程度。由于 CNTs 表面的化学惰性,—N_3 与 CNTs 的反应活性比较低。可以通过增加—N_3 基团含量,来提高叠氮基反应的机会,获得更高的修饰密度。

但是存在一种可能,即一个超支化分子端基的叠氮基团与多个 CNTs 表面作用产生类似交联的结构,将多个 CNTs 连接在一起,除了 CNTs 之间由于高表面能而团聚外,这种交联将进一步降低 CNTs 的分散性。因此,解决交联与高修饰密度之间的矛盾是利用该种超支化结构提高修饰的 CNTs 的分散性的关键。

综上所述,在本研究中要控制两个变量:PCMS 的分子量和 PCMS 的用量。前者用于控制叠氮基的数量,太低不能提高反应活性,太高会增加交联的可能性;后者用于保证 PCMS 相对过量,降低交联的可能性。本研究均采用过量的 PCMS。

利用 GPC 测得超支化聚合物的分子量和分子量分布。但是由于 GPC 采用的标样是线性的聚苯乙烯,而超支化聚合物的结构介于线性和体形之间,均方旋转半径小,外观如球形,所具有的流体力学体积小。基于线性聚合物的流出体积与时间之间的关系不再适合超支化聚合物分子量的表征。相对小的体积使超支化聚合物较相同分子量的线性聚合物更晚的流出,导致测得的分子量比实际值偏低。因此,GPC 只能作为超支化 PCMS 表征的辅助手段。从超支化 PCMS 的合成路线和结构分析,理论上端基的氯原子数量等于聚合度。在此,我们选择了 $\overline{M}_{n,\text{GPC}}=$ 1 800 的超支化 PCMS,即端基的氯原子数量为 1 800/152.5＝12,理论氯含量为 23.67%。元素分析得到的氯含量 25.93%,略高于 GPC 的测试结果,这符合 GPC 测出的分子量偏低的分析。叠氮化后,元素分析表明,氯含量降为 2.25%,可见大部分的氯原子已经转变为叠氮基团。

经过超支化 PCMS 修饰后的 CNTs 红外光谱出现了较明显的吸收峰(图 3 - 3 和图 3 - 4),并且这些峰(3 013 cm^{-1},2 920 cm^{-1},1 627 cm^{-1},1 441 cm^{-1},1 056 cm^{-1},779 cm^{-1},671 cm^{-1})恰好对应于超支化

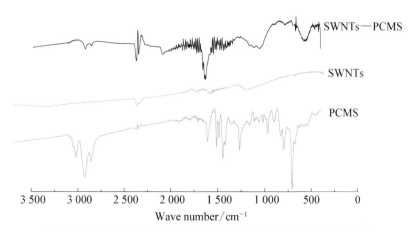

图 3 - 3　超支化 PCMS、SWNTs 经 PCMS 修饰前后的红外光谱图

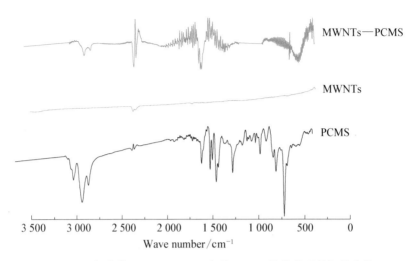

图 3-4 超支化 PCMS、MWNTs 经聚 PCMS 修饰前后的红外光谱

PCMS 的特征红外吸收。对于 MWNTs,其红外光谱更加平直,几乎没有任何吸收,这可能与原材料的纯度有关,从拉曼光谱表征可以看出,本实验采用的 MWNTs 上的 sp^3 杂化的碳原子所占比例很大,证明表面的杂质无定形炭粒子或者表面缺陷大量存在。这是由于在制备 MWNTs 过程中纯化处理不完全,表面引入的羧基不多,没有出现羧基的特征峰。但是经过超支化 PCMS 修饰后,同样可以观察到明显的聚合物吸收峰,说明同样的方法不但适用于 SWNTs,也可以用于纯度不高的 MWNTs 表面。

为了验证氮原子与 CNTs 表面两个碳原子组成了三元环,从而使超支化 PCMS 通过 N 原子与 CNTs 的表面连接,采用 XPS 技术对 N 的1s 电子峰进行谱线分离,对 N 的 1s 电子结合能进行了分析,结果见图 3-5。超支化 PCMS 端基的—N3 存在着三种电子结合能,分别为 402.8,407.7 和 413 eV。在—N3 与 MWNTs 表面发生反应后,对应的电子结合能均发生了一定程度的蓝移,说明 N 原子的化学环境改变对 N1s 壳层电子结合能发生了影响。并且 XPS 谱线变得平缓,一部分 N 原子价态由叠氮基复杂的状态变成 C—N—C 三元环中的单一态。由于超支化结构的

—N$_3$并没有全部参加反应,N1s 壳层电子的三个峰都依然存在,并没有出现线性聚苯乙烯中峰消失的现象。而且从谱线中可以判断,—N$_3$基团中 1s 结合能为 402.8 eV 的 N 原子保留在 MWNTs 的表面,即通过该 N 原子将聚合物与 MWNTs 表面连接,而另外两个氮原子以 N$_2$ 的形式被释放出去。

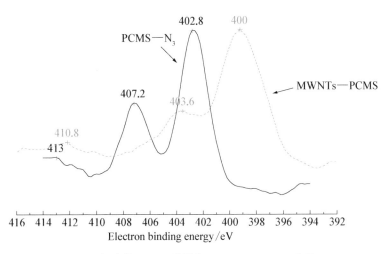

图 3‑5 超支化 PCMS 端基和 MWNTs—PCMS 中的 N1s 电子 X 射线光电子能谱

经超支化 PCMS 修饰前后的 CNTs 的拉曼光谱如图 3‑6 和图 3‑7 所示,采用比较积分强度的方法,来相对比较准确地确定 ω_d 与 ω_t 所对应的吸收强度变化。对所有的峰采用峰面积积分法计算拉曼峰强度。对于 SWNTs,ω_d 对应的拉曼峰 1 324 cm^{-1} 的积分范围为 1 208～1 400 cm^{-1},ω_t 对应的拉曼峰 1 579 cm^{-1} 的积分范围为 1 453～1 677 cm^{-1}。以拉曼峰两侧相应两点的连线作为积分峰面积的基线。计算结果为 $I\omega_d/I\omega_t$ 由 0.11 提高为 0.45,提高了 309%,证明了聚合物确实是以共价键的形式与 SWNTs 连接,因此,碳管表面的 sp^3 杂化的碳原子数量增加。而对于 MWNTs,ω_d 对应的拉曼峰 1 320 cm^{-1} 的积分范围为 1 000～1 430 cm^{-1},ω_t 对应的拉曼峰 1 570 cm^{-1} 的积分范围为 1 500～1 700 cm^{-1}。计算结

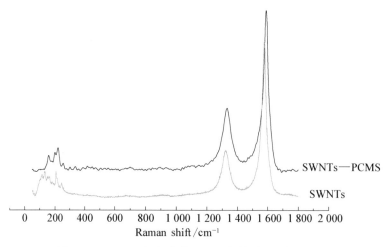

图 3-6　SWNTs 经超支化 PCMS 修饰前后的拉曼光谱

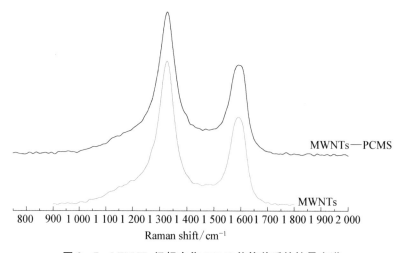

图 3-7　MWNTs 经超支化 PCMS 修饰前后的拉曼光谱

果为 $I\omega_d/I\omega_t$ 由 1.97 降低为 1.84。在叠氮化聚苯乙烯修饰 CNTs 的研究中,修饰后 MWNTs 的 $I\omega_d/I\omega_t$ 增加值比 SWNTs 小了很多。猜想这可能是因为 MWNTs 制备过程中残留的无定形炭粒子在反应过程中从管表面脱落,由此产生的 ω_d 强度减弱与 sp^2 杂化的碳原子被取代导致的 ω_d 强度增强相互抵消。从 MWNTs 的拉曼光谱中可以看到,sp^3 杂化碳原子对应的 ω_d 的峰强很大,甚至超过了 sp^2 杂化碳原子对应的 ω_t 的峰强,说明其表面本身存在大量的无定型碳杂质或本身结构有很大缺陷。在 PCMS 修饰 MWNTs 后,$I\omega_d/I\omega_t$ 甚至降低了,证明的当时的猜想是正确的。

为了观察修饰后 CNTs 的表面形貌,图 3-8 为经超支化 PCMS 修饰后的 CNTs 的透射电镜照片。可以看到,未经修饰的 CNTs 在乙醇中的分散性极差,即使经过超声波震荡处理,在透射电镜下仍无法看到单独存在的 CNTs 图(A),(D)。而在超支化聚合物修饰后,CNTs 在乙醇中的分散性有明显的提高,在同样的放大倍数条件下观察,CNTs 团簇变小图(B),(E),说明 CNTs 的分散性提高。并且放大倍数进一步增加后,可明显的观察到 CNTs 表面已局部包覆了聚合物层图(C),(F),(G)。

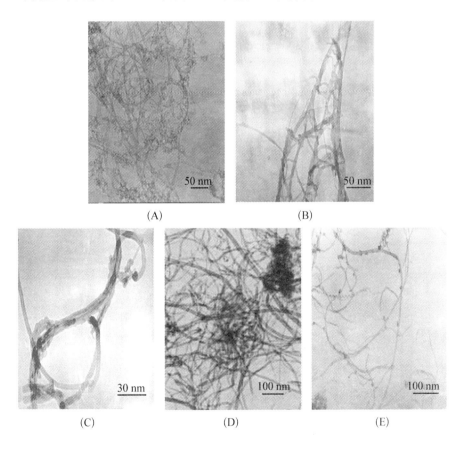

(A)　　　　　　　　　　　(B)

(C)　　　　　　(D)　　　　　　(E)

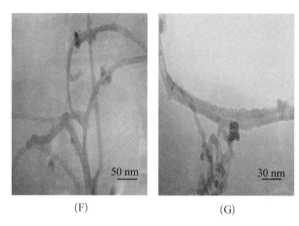

(F)   (G)

图3-8 SWNTs(A),SWNTs—PCMS(B,C),MWNTs(D),
MWNTs—PCMS(E,F,G)的透射电镜照片

2. 超支化 PCMS 修饰碳纳米管的分散性研究

取 1 mg 修饰后的 CNTs 分别分散在 4 ml 极性不同的溶剂中,发现经 PCMS 修饰后 CNTs 在氯仿、DMF、DMSO、乙醇中的分散性均提高,经超声波震荡 5 min,静置 2 h 后,未经修饰的 CNTs 出现了大块的团聚及沉降,而修饰的 CNTs 呈层均匀分散或仅出现微小团聚,沉降数量明显减少,并在长时间内状态保持不变,尤其是 MWNTs 在 DMF 中可以更长时间的保持均匀分散状态(图3-9)。

 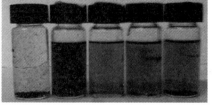

图3-9 超声波震荡后放置 2 h 后,SWNTs 在氯仿中,SWNTs—PCMS 在 DMF、氯仿、DMSO、乙醇中,MWNTs 在氯仿中,MWNTs—PCMS 在 DMF、氯仿、DMSO、乙醇中的分散性图片(从左到右)

3. 超支化 PCMS 修饰碳纳米管的修饰密度研究

热失重分析表明超支化 PCMS 在惰性环境下,在 200℃ 开始失重,失重率为 15%,然后出现一个平台,在 415℃ 又出现一个更大的失重台阶,失重率为 33.6%,表明超支化 PCMS 分两步失重,先是活化能较低的较短侧链断裂,然后是主链断裂。根据超支化 PCMS 的结构,第一个失重台阶来自超支化结构中较短支链的断裂,第二个失重台阶是主链及苯环处于支链上的那一部分聚合链裂解导致的,因为苯环的存在活化能较高,分解的温度较高。但是,最终还是保留有 51.4% 的残余。

图 3-10、图 3-11 为超支化 PCMS 及 SWNTs 和 MWNTs 经超支化 PCMS 修饰前后的热失重曲线。从图中可见,在氮气环境中,纯的 CNTs 在温度高达 900℃ 时也无明显的质量损失,少量的质量损失是由 CNTs 制备过程中残留的杂质(主要是无定形炭、催化剂等)所引起。经超支化 PCMS 修饰后的 SWNTs 在 221℃ 左右开始有较明显的失重,并且出现与超支化 PCMS 热失重曲线相同的失重台阶,起始点,终止点以及变化趋势均相似,表明该明显的失重是由连接在表面的超支化 PCMS 热分解而引起的。当温度达到 628℃ 时,SWNTs 经超支化 PCMS 修饰前后失重率约相差 8.4%。同样,MWNTs 在 189℃ 左右开始有明显的失重,当温度达到 789℃ 时,MWNTs 失重率约为 14.8%,质量损失由连接在表面上的超支化 PCMS 热分解产生。同时,发现与 CNTs 连接后的超支化 PCMS 热分解的起始温度发生一定程度的变化,对于 SWNTs,超支化 PCMS 的热分解温度提高了 21℃,这可能是由于一个超支化结构上的叠氮端基与两根甚至多根 CNTs 发生环加成反应,即发生了"交联",导致超支化 PCMS 有较多的支链被固定在 CNTs 的表面,活化能提高,因此分解温度提高。对于 MWNTs,超支化 PCMS 的热分解温度并没有升高,说明并没有交联的 CNTs 产生。

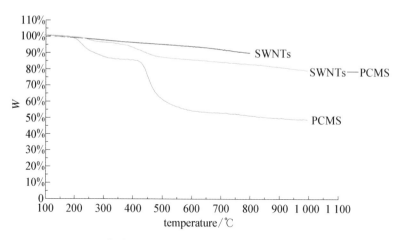

图 3‑10　超支化 PCMS 及 SWNTs 修饰前后的热失重曲线

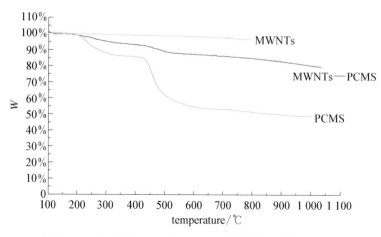

图 3‑11　超支化 PCMS 及 MWNTs 修饰前后的热失重曲线

SWNTs 产生"交联"这一猜想也可以从热失重量来证实。在此定义：

$$自由支链(不含苯环)的重量含量＝W_1/W$$

其中 W_1 为发生在较低温度（180～300℃）的热失重量。

在超支化 PCMS 的热失重曲线中，$W_1 = 15\%$，$W = 48.6\%$，自由支链约占 30.9%。连接到 SWNTs 的超支化 PCMS，$W_1 = 2\%$，$W = 8.4\%$，自由支链约占 23.8%。超支化结构的支链被限制在两个彼此交联的 CNTs 之间，自由支链数量有所降低。连接到 MWNTs 的超支化 PCMS，$W_1 = 7.4\%$，$W = 14.8\%$，自由支链增加到 50%，这与超支化 PCMS 在 MWNTs 表面的热分解温度降低的现象相一致，说明低分解温度的、不含苯环的、短支链含量高的超支化 PCMS 更容易接到超支化聚合物的表面。

由于本研究将预先合成的高分子链直接接入 CNTs 的表面，若不考虑尚未分解的少量残片，通过如下的修饰密度公式（见式 3-1）可以计算出，SWNTs 中平均每 795 个碳原子连接上一条超支化链，而 MWNTs 中平均每 425 个碳原子连接上一个超支化聚合物分子。

$$\text{修饰密度} = 48.6\% \times \left\{ \dfrac{\left[\dfrac{(1-\text{失重率})}{\text{C 原子量}} \right]}{\dfrac{\text{失重率}}{\text{聚合物数均分子量}}} \right\} \qquad (3-1)$$

比较相同分子量的线形聚苯乙烯在 CNTs 表面的修饰密度，数均分子量为 2 000，修饰密度为 2 757 个碳原子连接一条线形聚苯乙烯链。从而验证了超支化结构有利于提高叠氮基与 CNTs 反应的机会，可以获得更高的修饰密度。

4. 超支化 PCMS 分子量对修饰密度的影响

利用枝端基上的氯原子转换为 —N_3 后，与 CNTs 发生化学反应，因此，前驱体 PCMS 的枝端基数量直接影响其与 CNTs 表面环加成反应的机会，从而影响到 CNTs 的修饰密度。从反应机理可以看出，枝端基数量与超支化聚合物的分子量为线性关系，利用三种不同分子量（枝端基数量)的 PCMS 修饰 MWNTs,通过热失重分析(图 3 - 12),得到 MWNTs 表面接入的 PCMS 的含量,并可以利用 GPC 提供的 PCMS 的摩尔质量粗略的计算出修饰密度。从图中可以看到,随着分子量增加,MWNTs 表面的 PCMS 含量降低,修饰密度也降低。在此,—N₃基的增多,并不会提高其与 CNTs 的反应机会。由此可以看到,虽然超支化结构有利于提高叠氮基的机会,可以获得更高的修饰密度,但是对于超支化结构本身,大分子量超支化聚合物导致的大体积并不利于其与 CNTs 进行环加成。

表 3 - 1 分子量对 MWNTs 表面 PCMS 含量及修饰密度的影响

样品编号	$\overline{M}_n$	失重率	修饰密度(PCMS 链数/C 个数)
1	622	37.8%	1/41.5
2	1 506	34.1%	1/117.9
3	1 800	14.8%	1/424.6

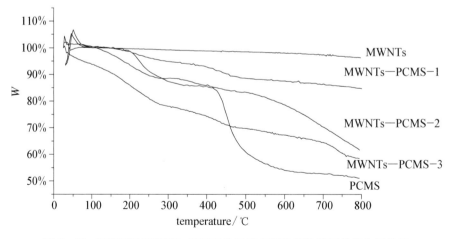

图 3 - 12 PCMS 及 MWNTs 经不同分子量 PCMS 修饰前后的热失重曲线

3.4　本 章 结 论

（1）通过叠氮基团的环加成反应可以将由 ATRP 和 SCVP 法相结合制得的叠氮基封端超支化 PCMS 以共价键接入到 CNTs 的表面上，实现 CNTs 的表面修饰。该种方法既适用于 SWNTs，也适用于 MWNTs。

（2）通过 FTIR、XPS、Raman、TEM 等方法对经超支化 PCMS 修饰前后碳纳米管进行了表征和对比，证明聚合物已通过共价键连接到 CNTs 表面上。

（3）热失重分析表明，SWNTs 中平均每 795 个碳原子连接上一个超支化聚合物分子，而每 2 757 个碳原子连接一条线形聚苯乙烯分子。通过增加—N_3基团含量来提高叠氮基与 CNTs 表面环加成反应的机会，可以获得更高的修饰密度。但是，同时存在着产生 CNTs 之间彼此通过与不同端基的反应而产生交联的可能性。

（4）随着枝端基氯含量及分子量的增加，CNTs 表面修饰密度降低。大分子量导致的大体积并不利于其与 CNTs 进行环加成。

第4章

水溶性聚乙二醇单甲醚修饰碳纳米管的研究

4.1 引　　言

　　尽管 CNTs 在水中和有机溶剂中均不能稳定分散,但碳纳米管表面的共轭结构使其在有机溶剂中的分散比在水中分散容易并稳定得多。即使借助于超声波振荡,CNTs 也很难在水中均匀分散。本章采用"叠氮法"在 CNTs 表面接枝水溶性高分子,以改善其在水介质中的分散。水作为一种经济、无毒、环保的体系,广泛地应用在分析测试及化学反应中,尤其是在生物医药领域,大多以水作为反应介质或测试环境。因此,在 CNTs 表面共价接枝水溶性物质,提高 CNTs 在水介质中的分散性,是非常有意义的。本章水溶性高分子的选取原则是,可以引入叠氮基团,又可以与羧酸(或酰氯)基团反应,从而对比出本书研究的"叠氮法"与常用的"酸化法"的区别,弥补 ATRP 法制备的聚合物在这方面的不足。

　　聚乙二醇(PEG)也叫聚乙二醇醚,是一种水溶性高分子化合物,有一系列由低到中等分子量的产品。液体聚乙二醇可以任何比例与水混溶,而固体聚乙二醇则只有有限的溶解度,但即使是分子量最大的级分,在水中的溶解度仍大于 50%。温度升高,固体聚乙二醇的溶解度增大,若温度足够高,则所有级分的固体聚乙二醇均能与水以任何比例相溶[220]。聚乙二醇的主要作用是把水溶性或水敏感性带给各种产品。

聚乙二醇的分子结构可通过末端羟基的取代加以改进,获得可以聚合的或带有其他功能的基团。聚乙二醇单甲醚(mPEG)是一侧端基为氧甲基的聚乙二醇分子。这种聚合物保留了聚乙二醇的水溶性及一侧的—OH 官能团,同时另一侧的氧甲基可以保持惰性。

本章将端基带有叠氮基团的 mPEG 接枝到 MWNTs 表面,提高MWNTs 的水分散性,避免了聚乙二醇两端均具有的—OH 基团同时与不同的 MWNTs 化学连接,产生 MWNTs 间的交联而不利于 CNTs 分散。并且将修饰后 MWNTs 与已经广泛采用的利用 mPEG 修饰羧酸化MWNTs 的产物在透射电镜下观察比较,显示出"叠氮法"修饰过程的优点,即避免了酸化处理的强氧化过程对 CNTs 自身结构的破坏并可以保持 CNTs 大的长径比。

4.2　实　验　部　分

4.2.1　原料

MWNTs:管径 8~15 nm,长度~50 μm,纯度≥90%,中国科学院成都有机化学有限公司生产;

聚乙二醇单甲醚(mPEG,分子量为 750),Acros 公司生产;

硫酸(98%),硝酸(分析纯),N,N-二甲基甲酰胺(DMF,分析纯),二氯甲烷(分析纯),四氢呋喃(THF,分析纯),1,2-二氯苯(化学纯),均为国药集团化学试剂有限公司生产;

叠氮钠：化学纯，浙江东阳迥龙化工厂生产。

4.2.2 碳纳米管的表面修饰

1. 硝酸酯基团封端的聚乙二醇单甲醚（mPEG—ONO₂）的制备

将 98% 的硝酸、96% 的硫酸及二氯甲烷以 1：1：3 的体积比依次加入三颈烧瓶中，搅拌并冷却至 0～5℃。缓慢滴加预先溶解在二氯甲烷中的 mPEG。温度保持在 5～8℃。滴加完毕后继续反应 1 h。反应结束后，将所得反应混合物倒入冰水中，分离出二氯甲烷层后，连续地用水、碳酸氢钠水溶液洗涤至中性，无水 MgSO₄ 干燥，过滤，蒸馏除去二氯甲烷后得到硝酸酯基团封端的聚乙二醇单甲醚。

2. 叠氮基团封端的聚乙二醇单甲醚（mPEG—N₃）的制备

将 20 mmol mPEG—ONO₂、80 mmol NaN₃、40 ml DMF，10 ml 去离子水一同置于三颈烧瓶中，边搅拌加热至 90℃，反应 24 h，然后冷却至室温，用 10 ml 二氯甲烷萃取，去离子水洗涤 3 遍，无水 MgSO₄ 干燥，过滤，蒸馏除去二氯甲烷后得到叠氮基团封端的聚乙二醇单甲醚。

3. 聚乙二醇单甲醚修饰碳纳米管（MWNT—mPEG）的制备

将 50 mg MWNTs 与 mPEG—N₃ 在 1,2-二氯苯中搅拌 12 h，然后在氮气保护环境中于 130℃ 下反应 60 h。冷却至室温，混合物用适量 1,2-二氯苯稀释，超声波振荡 1 h，经 0.2 μm 孔径的聚偏氟乙烯膜过滤。滤饼用 1,2-二氯苯洗涤数次，直至滤液滴加到无水乙醚中不会产生白色絮状沉淀为止。真空干燥即得聚乙二醇单甲醚修饰 MWNTs。

4.3　结 果 与 讨 论

4.3.1　聚合物前驱体的制备与表征

1. 聚乙二醇单甲醚端基引入硝酸酯基

mPEG 的结构特征是聚合物一端以—OH 封端,另一端则以—CH₃ 封端,这种聚合物的特点是用惰性的—CH₃ 取代了 PEG 一端反应活性很强的—OH 官能团,保证该水溶性聚合物与其他物质作用时,只有—OH 端发生化学键连接而另一端保持自由状态。如果采用两端均为—OH 基团的 PEG 修饰 MWNT,则会通过聚合物分子链彼此交联进一步团聚而不利于提高 MWNTs 的分散性。因此,本实验采用水溶性聚合物 mPEG 修饰 MWNTs 的表面,以达到提高 MWNTs 在水溶液中的分散性。

在 CH_2Cl_2 中,用硝酸/硫酸混酸硝化 mPEG,使一端的—OH 转化为硝酸酯基团,得到硝酸酯基团封端的 mPEG,再进一步与 NaN_3 作用,将硝酸酯基团直接转变为—N_3,合成出叠氮基封端的 mPEG。反应过程如下:

$$CH_3(OCH_2CH_2)_n OH \xrightarrow[CH_2Cl_2]{HNO_3/H_2SO_4} CH_3(OCH_2CH_2)_n ONO_2 \qquad (\text{I})$$

$$CH_3(OCH_2CH_2)_n ONO_2 \xrightarrow[DMF/H_2O]{NaN_3} CH_3(OCH_2CH_2)_n N_3 \qquad (\text{II})$$

本研究采用的 mPEG 分子量为 750,通过上述反应(I)得到 mPEG 一端的—OH 被转化为—ONO_2。反应前后的红外光谱图(图 4-1)对比可以观察到,由于—ONO_2 的引入,出现了其特征吸收峰,1 627 cm⁻¹ 为 NO_2 的不对称伸缩振动峰,1 278 cm⁻¹ 为 NO_2 对称伸缩振动特征峰,756 cm⁻¹ 为 NO_2 的摆动峰;730 cm⁻¹ 出现 NO_2 的弯曲峰。

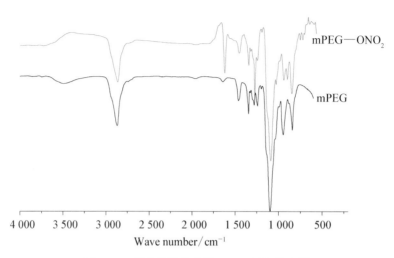

图 4-1 经硝酸酯化前后 mPEG 的红外光谱

2. 聚乙二醇单甲醚端基引入—N₃

与 PEG—ONO₂ 的红外光谱相比，与 NaN₃ 进行叠氮化反应后，mPEG—N₃ 的红外光谱(图 4-2)存在明显不同，出现了 2 100 cm⁻¹ 对应的—N₃ 峰，证明—N₃ 基团成功的置换到 mPEG 的端部。

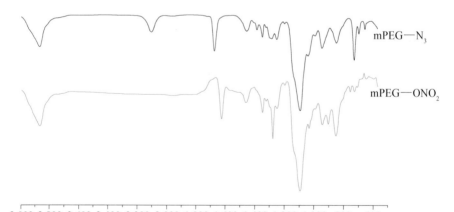

图 4-2 硝酸酯化的 mPEG 经叠氮化前后的红外光谱

4.3.2　聚合物修饰碳纳米管的制备与表征

1. mPEG 修饰碳纳米管表面的研究

经过 mPEG 修饰后的 MWNTs 红外光谱(图 4-3)出现了较明显的吸收峰,并且这些峰恰好对应于 mPEG 的特征红外吸收。2 802 cm^{-1}处的峰对应于 C—H 伸缩振动,1 105 cm^{-1}处的宽峰对应于 C—O 键的伸缩振动,证明 MWNTs 表面连接上了 mPEG 聚合物链。另外,修饰后的 MWNTs 的红外光谱图中,在 1 398 cm^{-1}处出现一个尖锐的吸收峰,从其强度和位置来判断,该峰对应于 mPEG 中富含的 C—H 键的伸缩振动峰。

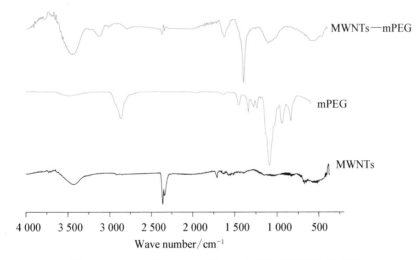

图 4-3　mPEG 及 MWNT 经 mPEG 修饰前后的红外光谱

经 mPEG 修饰前后的 CNTs 的拉曼光谱如图 4-4 所示。采用比较积分强度的方法,来相对比较准确地确定 ω_d 与 ω_t 所对应的吸收强度变化。对所有的峰采用峰面积积分法计算拉曼峰强度。ω_d 对应的拉曼峰 1 320 cm^{-1} 的积分范围为 1 000~1 430 cm^{-1},ω_t 对应的拉曼峰 1 570 cm^{-1} 的积分范围为 1 500~1 700 cm^{-1}。计算结果为 $I\omega_d/I\omega_t$ 由 1.97 提高为 2.16。

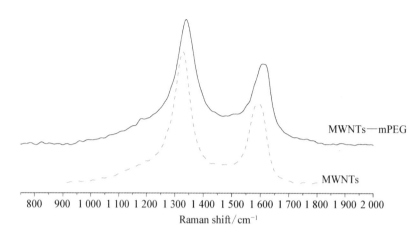

图 4 - 4 MWNTs 经 mPEG 修饰前后的拉曼光谱

图 4 - 5 为通过 XPS 扫描得到的 MWNTs—mPEG 中的 N1s 与—N_3 基团封端聚苯乙烯中的 N1s 的谱线。因为 mPEG 在室温为液态,不适合进行 XPS 测试,所以采用了相同叠氮化方法制备的—N_3 基团封端聚苯乙烯中的 N 原子进行对比,对 N1s 电子结合能进行分析。从谱图中可以看到,MWNTs—mPEG 表面的 N1s 电子结合能除了在 402.4 eV 出现较大的电子数目的峰,其他能量下均比较平坦,而—N_3 基团中的

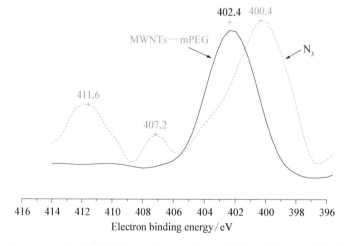

图 4 - 5 —N_3 及 MWNTs—mPEG 中 N1s 电子的 X 射线光电子能谱

N1s 分别在 400.4,407.2,411.6 eV 处存在较强的峰。N1s 电子周围的化学环境改变引起的变化,使得电子结合能发生很大的变化,从谱线峰值的位置及强度推断,N 原子是由—N_3 基团中的复杂三元态转变为单一电子结合能的状态,即 N 与 MWNTs 表面的碳原子组成 C—N—C 结构,从而将 mPEG 以共价键连接到 MWNTs 表面。

在利用 XPS 来观察 N1s 轨道电子在聚合物端基和在 MWNTs 表面两种不同化学环境下的电子结合能的变化的同时,还可以得到物质表面不同元素的相对含量。图 4 - 6 为纯 MWNTs 和 MWNTs—PEG 的

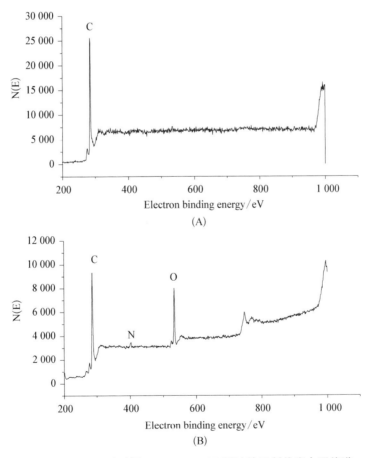

图 4 - 6　MWNTs(A)及 MWNTs—mPEG(B)的 X 射线光电子能谱

XPS 全图,纯 MWNTs 中 O1s 轨道电子结合能的强度极小,O/C 原子个数比为 2%。在 MWNTs—PEG 中,从 XPS 的结果中得到 C 占 81.41%,O 占 16.02%,N 占 2.57%,即 O/C 原子个数比为 19.67%。MWNTs 表面的 O/C 原子个数比由 2% 提高到 19.67%,这是由 PEG 的引入产生的。但是 XPS 作为一种表面测试技术,并不能以此来准确地计算出 MWNTs 表面修饰上的 PEG 的含量。

修饰后的 MWNTs 在水中的分散稳定性与其表面的水溶性聚合物的含量密切相关。TGA 能够提供高温下从 MWNTs 表面脱离的聚合物的重量(图 4-7)。在氮气环境下,MWNTs 没有出现明显的失重,少于 4% 的质量损失是由于表面的催化剂杂质挥发。在经过 mPEG 修饰后的 MWNTs 在 800℃ 之前质量损失达到 38.5%,这些质量损失是由 mPEG 的降解产生。经过计算,MWNTs 表面的修饰密度为 118.5 个 C 原子对应一个 mPEG 聚合物链。

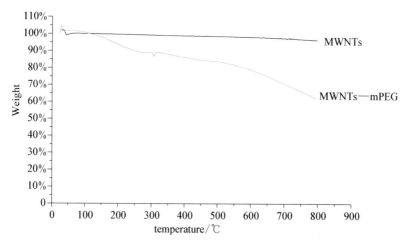

图 4-7　MWNTs 经 mPEG 修饰前后的热失重曲线

2. mPEG 修饰碳纳米管的水分散性研究

为了考察经 mPEG 修饰的 MWNTs 在水中的分散稳定性,分别将

1 mg MWNTs 和 MWNTs—mPEG 借助超声波振荡,然后静置放置一定时间观察 MWNTs 的团聚现象(图 4 - 8)。放置 6 h 后,未经修饰的 MWNTs 沉积在底部(B),而大部分 MWNTs—mPEG 仍均匀分散在水中(A),只有非常少量的出现在底部。24 h 后,尽管底部的 MWNTs—mPEG 数量增加,但稳定分散在水中的数量仍较多(C)。这表明水溶性聚合物 mPEG 连接到 MWNTs 表面,确实改善了 MWNTs 在水中的分散稳定性。

图 4 - 8　MWNTs—mPEG(A,C)及 MWNTs(B,D)在去离子水中的分散稳定性

将 MWNTs—mPEG 分散在去离子水中,滴到铜网上在 TEM 下观察,结果见图 4 - 9。通过对比可以看出,未经修饰的 MWNTs 在水中缠绕的程度相当大图(A),分散性差,而且表面有杂质。而经过 mPEG 修饰后,MWNTs 变得较分散,缠绕线团明显变疏松,在同样的观察面积内,观察到单根存在的管状结构图(D)。即使在更大的范围内观察,修饰的 MWNTs 的根数也比小范围内存在的纯 MWNTs 少很多图(B),(C)。比较(A)和(D)图可以发现,MWNTs 的直径增大,局部表面覆盖一层聚合物层,在更大的倍数下可以观察到一些 MWNTs 的表面变得凹凸不平,甚至空心的管状结构也被聚合物层覆盖(E)图。

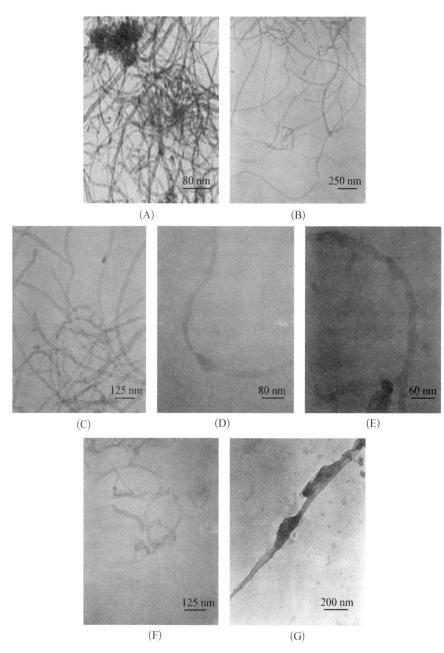

图 4 - 9 MWNTs(A)、MWNTs—mPEG(B~E)及 mPEG 修饰酸化处理后的
碳纳米管 a—MWNTs—mPEG(F,G)的透射电镜照片

端基为—OH 的 mPEG 可以分别采用"酸化法"和"叠氮法"两种路线连入 CNTs 表面。通过比较这两种方法得到的产物的电镜照片可以发现,用酸化法制备的 a—MWNTs—mPEG 中一部分已经被切断,长度减少到纳米级(F),并且有些表面被严重破坏(G)。而在采用叠氮法制备的 MWNTs—mPEG 中并没有发现这种情况。

4.4　本　章　结　论

(1) 借助—N$_3$ 基团与 MWNTs 间的化学反应,利用端基引入了—N$_3$ 基团的 mPEG 通过共价键修饰 MWNTs 制备水分散型 MWNTs。—N$_3$ 基团可以通过 mPEG 一端的—OH 先后发生硝酸酯化、叠氮化而引入。

(2) 通过 FTIR、Raman 光谱测试表明,mPEG 以共价键连接到 MWNTs 表面。XPS 光谱证明,mPEG 与 MWNT 表面是通过 C—N—C 的共价键而连接。

(3) 经过修饰后 MWNTs 在水中的分散稳定明显提高。TEM 观察发现,经 mPEG 修饰后 MWNTs 相互缠绕程度明显变小,表面覆盖了一层聚合物层。

(4) 利用叠氮基团为反应基团,修饰后的 MWNTs 仍保持有较大的长径比,同时避免了对 MWNTs 自身结构的破坏,酸化处理 MWNTs 出现破坏 MWNTs 长径比及结构的危险。

(5) TGA 数据显示,mPEG 修饰的 MWNTs 达到了较高的修饰密度,为 118.5 个 C 原子对应一个 mPEG 聚合物分子链。

第5章

两亲性嵌段聚合物修饰
碳纳米管表面的研究

5.1 引　言

　　"叠氮法"作为一种"接入法",可以有选择性地将特定分子量、特定分子结构的聚合物接枝到CNTs表面。至此,通过"叠氮法",在第2、3章制备了油溶(疏水)性聚合物修饰的CNTs,第4章制备了水溶(亲水)性聚合物修饰的CNTs,本章则考虑到两亲性聚合物在溶剂中的亲疏倾向,制备了两亲性嵌段聚合物修饰的MWNTs。利用ATRP可以制备得到两嵌段聚合物[221,222],首先用ATRP法制得含有ATRP引发基团的大分子,然后用这种大分子再作为引发剂,引发第二种单体聚合,得到两嵌段共聚物。本章设计的两嵌段分别为亲油段和亲水段(水解后),通过"叠氮法"接枝到MWNTs表面,实现了两亲性MWNTs的制备。制备的两亲性MWNTs的亲油-亲水性可以通过调节两嵌段的相对含量及变换两嵌段在MWNTs表面的排列顺序来控制。两亲性聚合物将赋予MWNTs独特的性质,所得两亲性MWNTs在溶剂界面表现出独特的两亲性,在作为特殊材料的增容剂[223],表面活性剂[224]等方面将具有广泛的研究和应用价值。另外两亲性 MWNTs 在选择性溶剂中可以实现可控自组装,对于开发新型超分子结构纳米器件有指导意义。

Datsyuk Vitaliy 等[225]报道过利用氮-氧调控自由基聚合(NMP),通过"接出法"(graft from)制备了聚苯乙烯-聚甲基丙烯酸酯和聚丙烯酸-聚甲基丙烯酸修饰的 MWNTs,不过他们的目标是探索 MWNTs/两亲性嵌段共聚物复合材料的力学及电学性能,并且在文献中暂时没有给出实验数据,也没有提及两亲性聚合物修饰的 MWNTs 在两相界面的行为。

本章利用 ATRP 反应和叠氮化反应制备了叠氮基封端的聚苯乙烯-聚甲基丙烯酸特丁酯嵌段共聚物($PSt—PtBMA—N_3$)和叠氮基封端的聚甲基丙烯酸特丁酯-聚苯乙烯($PtBMA—PSt—N_3$),并分别将两者接入 MWNTs 表面,然后通过水解反应,将 PtBMA 转变为甲基丙烯酸(PMA),得到分别由 PSt—PMA 和 PMA—PSt 两亲性嵌段共聚物修饰的 MWNTs。通过一系列的表征手段证明了这个制备过程的有效性。研究了两亲性碳纳米管在溶剂(氯仿、水)中的分散稳定性,及两亲性碳纳米管在氯仿/水的界面行为。并初步探索了两亲性碳纳米管在选择性溶剂(氯仿、乙醇)中的自组装能力。

5.2　实　验　部　分

5.2.1　原料

MWNTs:管径 8~15 nm,长度~50 μm,纯度≥90%,中国科学院成都有机化学有限公司生产;

苯乙烯:化学纯,中国医药集团上海化学试剂公司生产,使用前用

NaOH 溶液洗涤除去阻聚剂,并用分子筛浸泡脱水;

甲基丙烯酸特丁酯(tBMA),化学纯,Aldrich 公司生产;

溴化亚铜:化学纯,上海润捷化学试剂有限公司生产,使用前用醋酸、丙酮反复洗涤至淡黄色;

2-溴丙酸乙酯(EBP):纯度 99%,Aldrich 公司生产;

2,2-联吡啶(Bipy):分析纯,上海润捷化学试剂有限公司生产;

叠氮钠:化学纯,浙江东阳迴龙化工厂生产;

N,N-二甲基甲酰胺(DMF)、四氢呋喃(THF)、盐酸(HCl)、石油醚(60~90℃)、1,2-二氯苯(DCB):分析纯,国药集团化学有限公司生产;

甲醇:化学纯,国药集团化学有限公司生产。

5.2.2 碳纳米管的表面修饰

1. PSt—Br 的制备

将 CuBr/Bipy 以摩尔比 1∶3 的比例置于反应瓶中,密封后抽真空,充氮气,重复操作 3 次。用注射器注入苯乙烯单体和适量 DMF,常温搅拌 1 h。然后升温至 110℃,注入 EBP(CuBr∶EBP∶Bipy = 1 mol∶1 mol∶3 mol)。反应适当时间后,向反应瓶中加入 THF,充分溶解后,在甲醇中沉淀。过滤后滤饼重新用 THF 溶解,在甲醇中沉淀。重复操作 3 次后,过滤,真空干燥,得到白色粉末。用凝胶色谱仪测定产物的相对分子质量及其分布。

2. PSt—PtBMA—Br 的制备

将 CuBr/Bipy 以摩尔比 1∶3 的比例置于反应瓶中,密封后抽真空,充氮气,重复操作 3 次,用注射器注入甲基丙烯酸特丁酯单体和适量 DMF,常温搅拌 1 h。然后升温至 80℃,注入溶有 PSt—Br 的 DMF 溶液

(CuBr∶PSt—Br∶Bipy = 1 mol∶1 mol∶3 mol)，反应 4 h 后，向反应瓶中加入 THF，充分溶解后，在甲醇中沉淀。过滤后滤饼重新用 THF 溶解，在甲醇中沉淀。重复操作 3 次后，过滤，真空干燥，得到白色粉末。

3. PSt—PtBMA—N₃ 的制备

称取摩尔比为 1∶5 的 PSt—b—PtBMA—Br 和叠氮钠溶于 DMF 中。25℃下搅拌反应 12 h。加入 THF 稀释，在甲醇中沉淀。过滤后滤饼用去离子水洗涤 3 次，过滤，真空干燥。产物在低温环境下保存。

4. MWNTs—PtBMA—PSt 的制备

将 50 mg MWNTs 分别与 3g PSt—PtBMA—N₃ 在 1，2 -二氯苯 (DCB)中搅拌 24 h，然后在氮气保护环境中于 130℃下反应 60 h。冷却至室温，混合物用适量 DCB 稀释，超声波振荡 1 h，经 0.2 μm 孔径的偏氟乙烯膜过滤。滤饼用 DCB 洗涤数次，直至滤液滴加到甲醇中不会产生白色絮状沉淀为止。产物在 130℃真空干燥。

5. MWNTs—PMA—PSt 的制备

取 50 mg MWNTs—PtBMA—PSt 置于 10 ml HCl 与 90 ml 四氢呋喃的混合溶剂中。加热至回流温度，搅拌反应 24 h。冷却至室温，混合物用适量 DCB 稀释，超声波振荡 1 h，经 0.2 μm 孔径的聚偏氟乙烯膜过滤。滤饼用 DCB 洗涤数次，直至滤液滴加到石油醚中不产生白色絮状沉淀为止。产物在真空条件下干燥。

采用相似的步骤，首先制备 PtBMA—Br，然后制备 PtBMA—PSt—Br，经过叠氮化后接入碳纳米管，得到制备 MWNTs—PSt—PtBMA，最后通过水解得到 MWNTs— PSt—PMA。

5.3 结果与讨论

5.3.1 两亲性嵌段共聚物 PSt—PMA—Br 修饰 MWNTs

通过 ATRP 方法合成的 PSt—Br 分子量分布均匀,并且由引发剂引入的端基上的 Br 原子仍然具有引发活性,在此基础上再中加入单体 tBmA,PSt—Br 可以作为大分子引发剂引发 tBmA 反应,从而可以聚合得到嵌段共聚物 PSt—PtBMA—Br。利用 GPC 分别测得 PSt—Br 和 PSt—PtBMA—Br 分子量及分子量分布,$\overline{M}_{n,PSt} = 2.9 \times 10^3$,PDI $= 1.67$,$\overline{M}_{n,PSt-PtBMA} = 1.8 \times 10^4$,PDI $= 1.21$,由此可见,继续聚合时,得到的嵌段聚合物分子量分布很窄,PSt—Br 保持了活性,全部引发聚合,符合 ATRP 活性聚合的特点,得到的嵌段共聚物中几乎不含有未反应的 PSt 均聚物。

该嵌段聚合物的结构为:

$$\left[CH-CH_2 \right]_m \left[CH_2-C \right]_n \ \ CH_3$$

嵌段共聚物 PSt—PtBMA—Br 的热重曲线如图 5-1 所示,嵌段共聚物在 235℃ 左右开始有明显的失重,失重率约为 29%,接着在 256℃ 出现较缓的失重,失重率约为 15.3%,在 378℃ 左右又开始有明显的失重,失重率约为 46.4%,最后存在 9.3% 的剩余。第一段质量损失由特丁基团分解产生,第二段质量损失由 PSt 嵌段部分产生,第三段由 PtBMA 嵌段除去特丁基后剩余部分分解产生。特丁基团分子量(57)/

除去特丁基后剩余部分分子量(85)=67％,与第一阶段和第三阶段失重率之比基本吻合(29/46.4=62.5％)。另外,从 GPC 的测试结果中推断,在 PSt—PtBMA—Br 中,PSt 占 2 885/17 670＝16.3％,同样与第二段 PSt 嵌段的失重率(15.4％)相接近。这也同样证明 GPC 结果的准确性,嵌段共聚物中几乎不含有未反应的 PSt 均聚物。

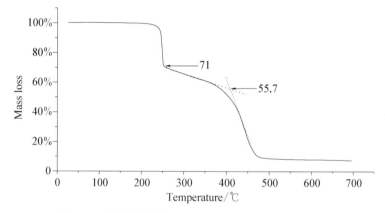

图 5 - 1　嵌段共聚物 PSt—PtBMA—Br 的热失重曲线

通过比较 PSt、PmBtA 均聚物和两者的嵌段共聚物的红外光谱图(图 5 - 2)可以看出,在 PSt—PtBMA—Br 曲线中包含着 PSt 曲线和 PmBtA 曲线中相关吸收峰,而且都十分的吻合。其中 3 026 cm^{-1} 处为苯环中 C—H 的反对称伸缩振动的吸收峰,2 957 cm^{-1}、2 923 cm^{-1} 处为饱和 C—H 的伸缩振动的吸收峰,1 730 cm^{-1}、1 460 cm^{-1} 处为—C═O 的吸收峰,1 590 cm^{-1} 处为苯环骨架伸缩振动吸收峰,1 366 cm^{-1} 处为特丁基的吸收峰,1 150 cm^{-1} 处为酯基中 C—O—C 的吸收峰,另外在 PSt—PtBMA—Br 的红外谱图中仍然保留有 PSt 红外光谱中的 536 cm^{-1} 处吸收峰,该峰为 C—Br 伸缩振动峰,说明嵌段共聚物是以 Br 原子封端的。

将合成的 PSt—PtBMA—Br 端基的 Br 原子与 NaN₃ 反应,可以将 Br 转变为—N₃ 基团,得到—N₃ 封端的 PSt—PtBMA—N₃。图 5 - 3 为

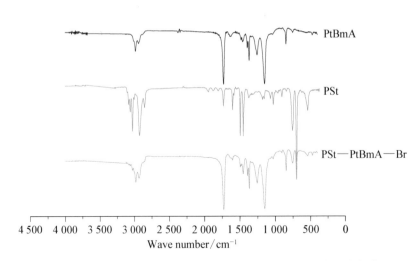

图 5‑2　PSt、PtBMA 及嵌段共聚物 PSt—PtBMA—Br 的红外光谱

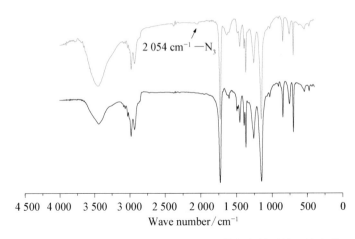

图 5‑3　嵌段共聚物 PSt—PtBMA—Br 叠氮化前后的红外光谱

叠氮化前后 PSt—PtBMA 的红外光谱图。可以看到,叠氮后出现了 $2\,054\ cm^{-1}$ 处的新峰,该峰对应—N_3 基团的振动。

　　PSt—PtBMA—N_3 在高温、长时间的条件下,可以与 CNTs 的表面发生反应,从而使 CNTs 顺次连接上 PtBMA 和 PSt。

　　为了验证 CNTs 与 PSt—PtBMA—N_3 的反应机理,即氮原子与 CNTs 表面两个碳原子组成了三元环,从而使 PSt—PtBMA 通过 N 原子与 CNTs 的表面连接，采用 XPS 技术对于 N 的 1s 电子峰进行谱线分离，对 N 的 1s 电子结合能进行了分析，结果见图 5-4。PSt—PtBMA—N_3 端基的 N1s 电子存在三种最大电子结合能，分别为 394，401.2，412 eV，而与 MWNTs 作用后 PSt—PtBMA—N_3 端基的 N1s 电子在 412 eV 处强度较大的峰消失。394 eV 对应的峰的强度明显变小，404～398 eV 对应的宽峰仍然存在。因此，与叠氮基反应后的 MWNTs 表面的 N 原子所处的化学环境相对简单，价态单一，由—N_3 基团中的三种氮价态变为一种主要价态，另两种价态的 N 原子以 N_2 的形式被排出。可见，由于化学变化导致化学环境的改变对 N1s 壳层电子结合能发生了影响，N 原子价态由原本的叠氮基中复杂的状态变成 C—N—C 三元环中的单一态。

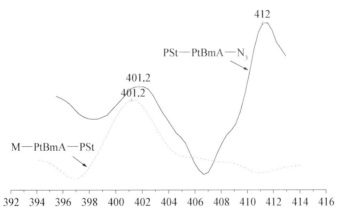

图 5-4　PSt—PtBMA—N_3 及其修饰 MWNTs 中 N 元素 1s 轨道电子的 X 电子光电子能谱

拉曼光谱与红外光谱相反，对于对称分子结构比较敏感，较适合碳纳米管结构的表征。采用比较积分强度的方法，来相对比较准确地确定 ω_d 与 ω_t 所对应的吸收强度变化。对所有的峰采用峰面积积分法计算拉曼峰强度。ω_d 对应的拉曼峰 1 318 cm^{-1} 的积分范围为 1 000～1 430 cm^{-1}，ω_t 对应的拉曼峰 1 581 cm^{-1} 的积分范围为 1 500～1 700 cm^{-1}。计算结果为 $I\omega_d/I\omega_t$ 由 1.97 提高为 2.07（图 5-5）。因此本实验所得结果与理

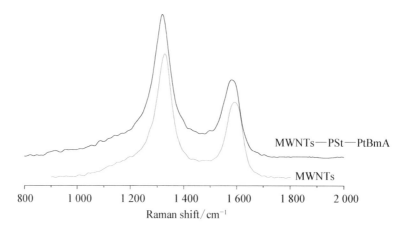

图 5 - 5　**MWNTs 经嵌段共聚物 PSt—PmBtA 修饰前后的拉曼光谱**

论一致,证明了聚合物确实是以共价键的形式与 MWNTs 连接,因此,碳管表面的 sp^3 杂化的碳原子数量增加。

5.3.2　嵌段共聚物 PtBMA—PSt—Br 修饰 MWNTs

利用 ATRP 反应,先后引 tBmA 单体和 St 单体,得到嵌段共聚物 PtBMA—PSt—Br,与上述嵌段共聚物 PSt—PtBMA—Br 类似,只是与端基 Br 连接的嵌段不同,导致最终接入碳纳米管后的两嵌段在其表面的排列顺序不同。

根据 GPC 测试结果,ATRP 大分子引发剂 PtBMA—Br 数均分子量 $M_{n,\,PtBMA}=5.5\times10^3$,分子量分布指数 PDI=1.35;引发 St 聚合后所得产物存在单峰,$M_{n,\,PtBMA—PSt}=3.8\times10^4$,PDI=1.32,分子量分布很窄,说明大分子引发剂 PtBMA—Br 在继续引发聚合过程中始终保持了活性,反应是一种活性聚合。

从图 5 - 6 中的 PSt、PtBMA 和嵌段共聚物 PtBMA—PSt—Br 的红外光谱图,可以看出在 PtBMA—PSt—Br 曲线中完全包含着 PtBMA 曲线和 PSt 曲线中的主要的特征吸收峰。谱图与 PSt—PtBMA—Br 的基本一致。并且,在 536 cm^{-1} 处存在 C—Br 的伸缩振动峰,Br 提供了—N$_3$ 引入的前体,通过与金属叠氮化物 NaN$_3$ 的反应,Br 被转换为—N$_3$,得到—N$_3$ 封端的嵌段共聚物 PtBMA—PSt—N$_3$,红外光谱显示 2 120 cm^{-1} 处出现了—N$_3$ 对应的吸收峰(图 5-7),同时,由于反应在非均相体系中进行,C—Br 键的红外吸收仍然存在。

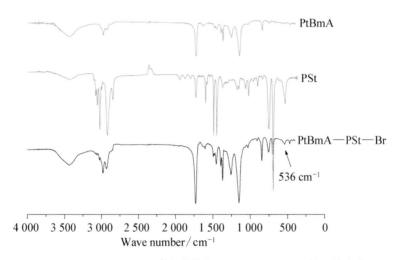

图 5-6　PSt、PtBMA 及嵌段共聚物 PtBMA—PSt—Br 的红外光谱

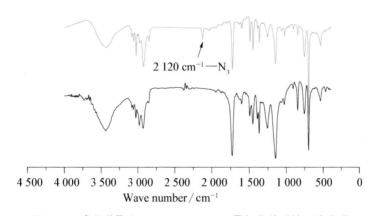

图 5-7　嵌段共聚物 PtBMA—PSt—Br 叠氮化前后的红外光谱

同样,与 PSt—PtBMA—N$_3$ 和 MWNTs 之间的反应机理类似,XPS

显示反应前后 N1s 电子结合能由三元复杂态转变为单一峰值(图5-8),即 N 的化学环境已发生变化,由—N₃基团形式转变为 MWNTs 表面 C—N—C 形式存在。

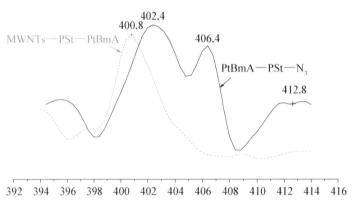

图 5-8   PtBMA—PSt—N₃ 及其修饰 MWNTs 中 N 元素 1s 轨道
电子的 X 电子光电子能谱

观察经 PtBMA—PSt 修饰前后,MWNTs 的拉曼光谱图(图5-9),修饰后 $I\omega_d/I\omega_t$ 由 1.97 降低为 1.85。在叠氮化聚苯乙烯修饰碳纳米管的研究中,修饰后 MWNTs 的 $I\omega_d/I\omega_t$ 增加值比 SWNTs 小了很多,这可能是因为 MWNTs 制备过程中残留的无定形炭粒子在反应过程中从管表面脱落,由此产生的 ω_d 强度减弱与 sp^2 杂化的碳原子被取代导致的 ω_d 强度增强相互抵消。从 MWNTs 的拉曼光谱中可以看到,sp^3 杂化碳原子对应的 ω_d 的峰强很大,甚至超过了 sp^2 杂化碳原子对应的 ω_t 的峰强,说明其表面本身存在大量的无定型碳杂质或本身结构有很大缺陷。在 PCMS 修饰 CNTs 的研究中,修饰后 SWNTs 的 $I\omega_d/I\omega_t$ 由 0.11 提高到 0.45,而修饰后 MWNTs 的 $I\omega_d/I\omega_t$ 甚至由 1.97 降低为 1.84,证明了当时的猜想是正确的。在此研究中 PtBMA—PSt 修饰 MWNTs 后,$I\omega_d/I\omega_t$ 又出现了降低的情况。尽管比较峰强的变化,拉曼光谱不能给出有力的证据,但是,ω_t 附近出现肩峰 D′峰(1 604 cm⁻¹),证明 MWNTs 表面结构无序程度确实被提高,说明嵌段聚合物 PSt—PmBtA 是通过共价键与 MWNTs 表面连接,sp^2 杂化的 C 原子一部分转变为相对无序的 sp^3 杂化。

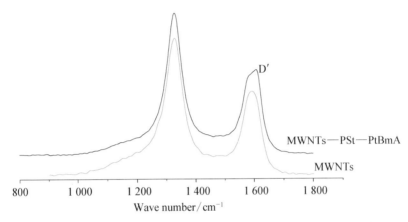

图 5 - 9　MWNTs 经嵌段共聚物 PtBMA—PSt 修饰前后的拉曼光谱

PSt—PtBMA—N₃ 在高温、长时间的条件下,可以与 CNTs 的表面发生反应,从而使 CNTs 顺次连接上 PtBMA 和 PSt。修饰后的 CNTs 经水解反应后,表面的 PtBMA 的酯基水解脱去特丁基而转变为亲水性的 PMA,最终得到的 CNTs 顺次连接上亲水嵌段 PMA 和亲油嵌段 PSt。结构式如下:

为了验证水解方法的有效性,将 PSt—PtBMA—Br 和 PtBMA—PSt—Br 嵌段共聚物利用同样的方法,在体积比 1 ∶ 9 的 HCl/THF 混合溶剂中回流 24 h,在石油醚中沉淀,所得产物进行红外光谱分析。

图 5 - 10 和图 5 - 11 均显示,原来出现在 1 365 cm⁻¹ 处的特丁基对称伸缩振动峰几乎消失。与此同时,在 1 724 cm⁻¹ 处的羰基 C ═O 的

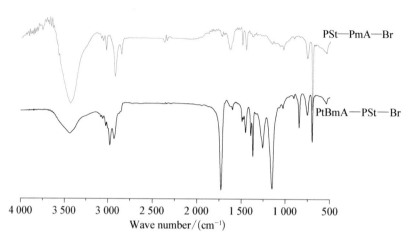

图 5‑10 嵌段共聚物 PSt—PtBMA—Br 水解前后的红外光谱

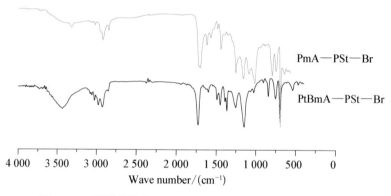

图 5‑11 嵌段共聚物 PtBMA—PSt—Br 水解前后的红外光谱

伸缩振动吸收峰,1 253 cm^{-1}处和 1 151 cm^{-1}处的 C—C—O—C 键伸缩振动吸收峰被明显减弱。由此可证明,甲基丙烯酸特丁酯嵌段水解之后,已经转变为甲基丙烯酸嵌段。

5.3.3 MWNTs—PS—PtBMA 及 MWNTs—PS—PMA 的自组装现象

嵌段共聚物分子链中不同嵌段常常是热力学不相容的,易导致体系发生相分离,但由于不同嵌段间由化学键相连,故相分离受到了限制。

嵌段共聚物在选择性溶剂中(对其中一段为良溶剂,对另一段为沉淀剂)会表现出两亲性化合物的行为——可逆缔合形成以不溶性链段为核,溶剂化链段为壳的胶束。嵌段共聚物体系物理行为的研究一直具有魅力,而且已取得了不少进展。胶束化行为的研究不仅对聚合物溶液理论和生命现象的理解研究有着重要的意义,在医药、生态、农业等方面也有着潜在的应用价值。运用溶度参数差异的理论,来设计两亲性嵌段共聚物,使其可以在特定溶剂中自组装成具有微相分离结构的胶束。同样,CNTs 表面连接两亲性嵌段共聚物后,通过三者(碳纳米管、亲水嵌段、亲油嵌段)在选择性溶剂中的相互作用有可能自组装成微相分离结构的"胶束"。

在以往的研究中,PSt—PMA 或 PSt—PAA 嵌段共聚物是研究两亲性共聚物的胶束化行为的重点。华慢[226]使 PSt—PMA 在选择性溶剂中进行自组装,发现可得到空心球形的高分子胶束。Esienberg[227-231]在对聚苯乙烯-聚丙烯酸(PSt—PAA)的胶束化研究中发现在选择性溶剂中胶束的形状呈球形、圆柱形及泡囊和层状结构。

由 MWNTs—PSt—PtBMA、MWNTs—PSt—PMA 的乙醇分散体通过 TEM 进行观察(图 5 - 12),两者均聚集成束状结构,并且对于单独一束来看,内部碳纳米管取向非常一致。MWNTs—PSt—PtBMA 的束内部聚集数多,大部分束的直径从 1 000~5 000 nm 不等。MWNTs—PSt—PMA 的束内部聚集数相对较少,聚集束内碳纳米管相互较松散,并存在数根成束的情况。从图(E)中,可以观察到单根束的在一端分成几岔,这张图恰好可以表示出聚集量大的束发散成聚集量少的束的过程。从图(C)、(G)中可以看到束的外表面被颜色较淡的聚合物层包裹,内部为颜色较深的碳纳米管,即在乙醇溶液中形成了"核—壳"结构,并且这种结构在两亲性差别更大的 MWNTs—PSt—PMA(G)中更明显的观察到。

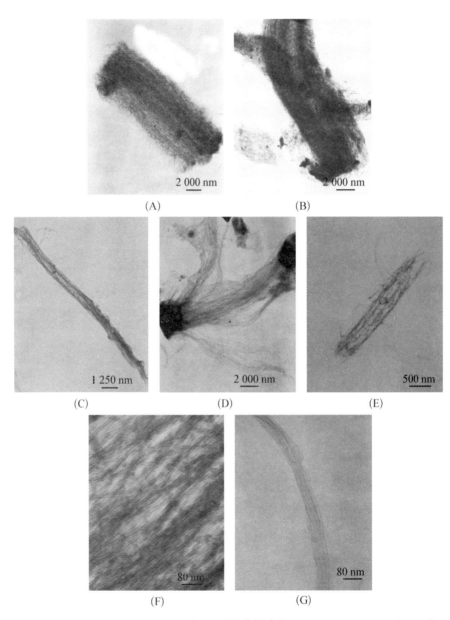

图 5‑12　MWNTs—PSt—PtBMA(A～C)及水解产物 MWNTs—PSt—PMA(D～G)
　　　　分散在乙醇中在透射电镜下观察的照片

　　嵌段共聚物在选择性溶剂中的胶束和单分子的平衡是一动态平衡过程。对于两亲性 CNTs 分子以一定的速率在胶束与单分子之间迁移，与表面活性剂或聚合物胶束相比，碳纳米管微米级的长度，限制了其胶束化速率常数(k)，不再与聚合物单分子链的扩散速率及单分子链在胶束壳中的迁移有关，而采取球形、圆柱形或泡囊，其胶束的形态由于碳纳米管的长径比而只能采取束状。MWNTs—PSt 段处于束的内部，而—PtBMA 及—PMA 段处于束的外围。

　　嵌段共聚物胶束在溶液中的形态由三种因素的平衡来控制：疏水段在胶束中的伸展、胶束核与溶剂间的表面张力以及亲水段间的相互作用。溶剂的性质和嵌段聚合物的组成等对胶束形态的影响正是通过改变这种力的平衡来实现的[227]。MWNTs—PSt—PtBMA、MWNTs—PSt—PMA 在乙醇作为选择性溶剂时可以看成 BA 型两亲性嵌段共聚物，B 嵌段为 MWNTs—PSt，A 嵌段为 PtBMA 或 PMA，相对于 MWNTs—PSt—PMA，MWNTs—PSt—PtBMA 中 A 和 B 两嵌段的溶解性差异更小，选择性较小，疏溶剂段（MWNTs—PSt）较伸展，引起熵的减少，为了保持能量最低，胶束需增加疏水段聚集数来达到平衡。因此，胶束内疏溶剂嵌段密集，自组装形成的束状结构尺寸大。反之，MWNTs—PSt—PMA 中 A 和 B 两嵌段的溶解性差异较大，亲溶剂段（PMA）在乙醇中更为伸展，为了保持能量最低，胶束内疏溶剂段（MWNTs—PSt）聚集量减少[227]。

　　此外，我们将嵌段共聚物修饰的碳纳米管水解前后的产物，分别分散在极性的乙醇与弱极性的氯仿中，在透射电镜下观察（图 5 - 13）。可以发现，无论是两亲性较弱的 MWNTs—PSt—PtBMA 和 MWNTs—PtBMA—PSt 还是两亲性明显的 MWNTs—PSt—PMA 和 MWNTs—PMA—PSt 在乙醇中都或多或少的发现了束状结构的存在，而在氯仿中，成束结构只出现在 MWNT—PSt—PMA，MWNT—PMA—PSt 中。

相对于 BA 型的 MWNTs—PSt—PtBMA，MWNTs—PSt—PMA，BAB型的 MWNTs—PtBMA—PSt，MWNTs—PMA—PSt 在乙醇中的成束并没有图 5－13 所示的那么明显，只是部分的出现束状结构，并且同样遵循 MWNTs—PtBMA—PSt 的束内部聚集数多，而 MWNTs—

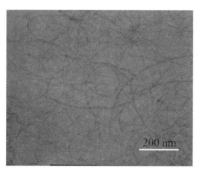
MWNTs—PtBmA—PSt在氯仿中

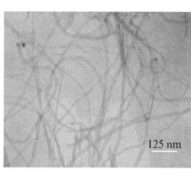
MWNTs—PSt—PtBmA在氯仿中

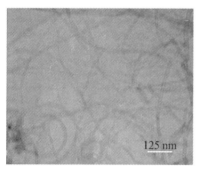
MWNTs—PSt—PtBmA在氯仿中

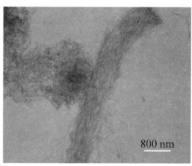
MWNTs—PSt—PmA在氯仿中

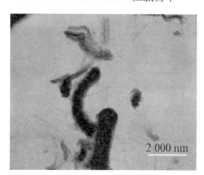
MWNTs—PmA—PSt在氯仿中

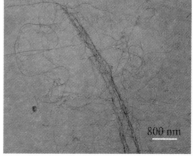
MWNTs—PmA—PSt在乙醇中

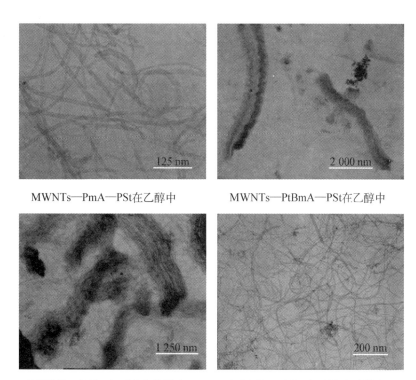

MWNTs—PmA—PSt在乙醇中　　　　MWNTs—PtBmA—PSt在乙醇中

MWNTs—PtBmA—PSt在乙醇中　　　　MWNTs—PtBmA—PSt在乙醇中

图 5‑13　**MWNTs—PSt—PtBMA、MWNTs—PtBMA—PSt 及水解产物 MWNTs—PSt—PMA、MWNTs—PMA—PSt 分散在乙醇及氯仿中在透射电镜下观察的照片**

PMA—PSt 的束内部聚集数相对较少。而两亲性较弱的 MWNTs—PtBMA—PSt 及 MWNTs—PSt—PtBMA 在氯仿中成束极少，绝大多数以单独的管分散在氯仿中，两亲性更明显的 MWNT—PSt—PMA，MWNT—PMA—PSt 在氯仿中的成束趋势更明显。

　　CNTs"阵列"制成的取向膜，可被用作场发射器件，也可被制成滤膜，由于膜也为纳米级，可对某些分子和病毒进行过滤，从而使超滤膜进入一个崭新的天地。如果将 CNTs 制备成具有一致取向的膜，然后用于分离物质，根据 Skoulidas[232] 的预测，对于分离气体或者液体物质，其选择性以及通量都会有显著的效果，这将是取向 CNTs 的一种重要的应用方向。除了利用磁场或定向生长的方法得到取向 CNTs 阵列外,这种在选择性溶剂中排列一致而成束的两亲性聚合物修饰的 MWNTs 在外加磁场的条件下,也可以发展成为制备取向 CNTs 的一种可行方法,有较大的研究空间。例如,相互独立的 CNTs 束使得取向滤膜的孔分布可调。

只有当 MWNTs 表面接枝的两亲性共聚物含量达到足够高,才会导致胶束结构形成。通过 TGA 可以判断出表面聚合物的质量含量,并且利用 ATRP 反应制备的前驱体嵌段共聚物分子量分布窄,聚合度比较均一,因此由 TGA 结合分子量,可以计算出聚合物在 MWNTs 表面的修饰密度。从图 5 - 14 和图 5 - 3 中看到,制备 MWNTs—PSt—PtBMA 在 240℃开始失重,温度升高到 790℃,失重率为 76.0%。MWNTs—PSt—PtBMA 的 TGA 曲线同样存在两个台阶,与 PtBMA—PSt—Br 相似,推断这部分质量损失是由表面的 PtBMA—PSt 降解产生,即聚合物占碳纳米管总质量的 76.0%,推断其修饰密度为大约平均 1 000 个 C 原子对应一个 PtBMA—PSt 聚合物链。由此可见,虽然修饰密度没有达到百位个 C 原子对应一个聚合物链,但是由于聚合物的分

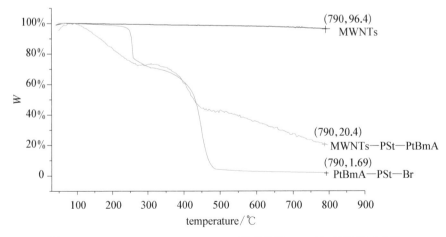

图 5 - 14　MWNTs、PtBMA—PSt—Br 及其修饰 MWNTs 的热失重曲线

子量很大,聚合度相对较高,因此出现了束状聚集。

5.3.4　修饰后的 MWNTs 分散性比较

分别称取 1 mg 修饰前后的 MWNTs,借助超声波震荡 1 min,使其分散在 4 ml 的有机溶剂和水中,有机溶剂在此选用非极性的氯仿,结果见图 5-15、图 5-16。超声波震荡均可以很容易地分散修饰后的MWNTs,而原始的 MWNTs 超声波震荡 1 min 后底部仍有较多的沉淀物。静止放置一段时间后,在氯仿中,MWNTs—PtBMA—PSt 水解前后的产物都仍然保持均匀分散或仅出现微小团聚,而在水中,则均不能保持稳定,放置 6 h 后,观察到底部大量沉降物,水溶液的透明度几乎与未修饰的 MWNTs 一样,说明 MWNTs—PtBMA—PSt 水解前后在有机溶剂氯仿中的分散性大幅度提高,而在水中没有得到明显的改善。

    (A)   (B)   (C)   (D)

图 5-15　修饰后 MWNTs 在溶剂中的分散稳定性(每三瓶分为一组,每组中从左到右依次为 MWNTs—PtBMA—PSt、MWNTs—PMA—PSt、MWNTs;对于不同分组,A~D 依次为经 1 min 超声波振荡后在氯仿中静置 0 h、6 h,去离子水中静置 0 h、6 h)

对于 MWNTs—PSt—PtBMA,在有机溶剂氯仿中分散性得到了一定程度的提高,但是放置 24 h 后会出现大块的团聚而沉降,48 h 时的透明度几乎与未修饰的 MWNTs 一致。水解之后的 MWNTs—PSt—PMA 在氯仿中的分散性明显差于 MWNTs—PSt—PtBMA,6 h 时即大部分沉降于底部。相反水解之后的 MWNTs—PSt—PMA 在水中的分散性始终好于 MWNTs—PSt—PtBMA,而且放置 48 h 后,仍均匀分散或仅出现微小团聚,沉降数量明显减少,可以长时间保持分散状态。说明 MWNTs—PSt—PtBMA 在有机溶剂氯仿中分散性有少许改善,水解之后在水中分散性明显改善,但在氯仿中分散性比水解前差。

图 5-16 修饰后 MWNTs 在溶剂中的分散稳定性(每三瓶分为一组,每组中从左到右依次为 MWNTs—PSt—PtBMA、MWNTs—PSt—PMA、MWNTs;对于不同分组,A~H 依次为经 1 min 超声波振荡后在氯仿中静置 0 h、6 h、24 h、48 h,去离子水中静置 0 h、6 h、24 h、48 h)

MWNTs—PtBMA—PSt 中的 PtBMA 嵌段聚合度远大于 PSt 嵌段聚合度,而 MWNTs—PSt—PtBMA 中的 PSt 嵌段聚合度远大于 PtBMA 嵌段聚合度,由亲疏平衡比理论推断,MWNTs—PMA—PSt 的水溶性应该优于 MWNTs—PSt—PMA,而油溶性应正好相反。但是结果恰恰相反,即 MWNTs—PSt—PMA 在水中分散稳定,而 MWNTs—PMA—PSt 在氯仿中分散稳定。由此推断,可分散介质的选择性与嵌段在 MWNTs 表面的连接顺序有关,处于外端的嵌段对 MWNTs 在溶剂中的分散性起着关键作用。

从通过 TEM 观察到的束状组装以及分散性的研究可以设想,修饰后的碳纳米管在水中和有机溶剂中的缠绕团聚状态(图5-17)。处于外端的嵌段影响了碳纳米管的溶液浸润能力。经超声波振荡,被水浸润的MWNTs—PSt—PMA 不会重新团聚,而可以长时间保持分散状态。由于修饰后的 MWNTs 最外端被 PMA 嵌段覆盖,使 MWNTs—PSt—PMA 不能被油浸润,超声波振荡导致的暂时性的分散不能维持。MWNTs—PMA—PSt 在氯仿和水中的分散性同样符合该结论。

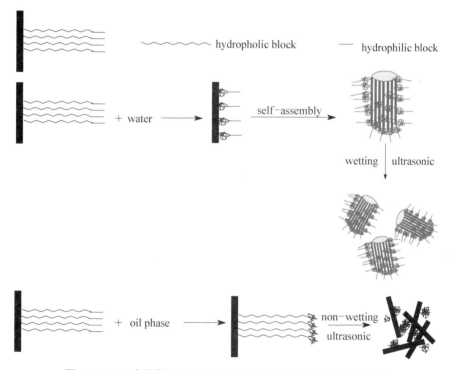

图 5-17　两亲性聚合物修饰后的 MWNTs 在溶剂中的分散过程

5.3.5　两亲性碳纳米管的界面行为

为考察两亲性 MWNTs 在水/油界面的分散作用情况,将少量氯仿滴加到去离子水中,由于密度的差异,氯仿将以液滴的形式处于大量去离子水的底部,MWNTs,MWNTs—PSt—PtBMA 及水解产物

MWNTs—PSt—PMA 通过超声波振荡分散在上述两相体系中,振荡完成后将体系静止放置待稳定后,手动摇晃后,可以观察到如图 5-18 所示的现象,未经修饰的碳纳米管大部分浮于水面之上,也有少量沉淀在底部,都有明显的聚集,MWNTs—PSt—PtBMA 和 MWNTs—PSt—PMA 则处于去离子水底部,进一步观察后发现黑色的 MWNTs 均处于氯仿液滴与去离子水的界面上,尤其是 MWNTs—PSt—PMA 分散在两相溶液的界面现象更为明显,分散更均匀,可以看到椭圆球内部为透明氯仿液体,这是由于修饰后的 MWNTs 表面具有了两亲性,并且亲疏平衡比更大的 MWNTs—PSt—PMA 在界面上的分散能力更好。同时,MWNTs—PSt—PtBMA 和 MWNTs—PSt—PMA 二者的存在改变了氯仿/水在固体基质的界面形貌,一定量氯仿滴入去离子水中会铺展在一部分底面上,氯仿/水/玻璃三者间的接触角小于90°,氯仿/水界面分散了 MWNTs—PSt—PtBMA 后,形貌没有明显改变,但是分散了MWNTs—PSt—PMA 后,氯仿完全以椭圆球液滴的形状处于去离子水的底部,氯仿/水界面形貌发生很大变化,氯仿/水/玻璃三者间的接触角大于90°。这一现象可用以下润湿作用解释,碳纳米管的存在增加了氯仿液滴的表面张力,也可能增加了氯仿/水或氯仿/玻璃的界面张力,因

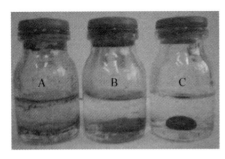

图 5-18 MWNTs、MWNTs—PSt—PtBMA 及水解产物 MWNTs—PSt—PMA 在水/氯仿界面的分散(A～C 中为少量氯仿沉于去离子水底部;D～F 为少量去离子处于氯仿上方;A,D 中分散 MWNTs;B,E 中分散 MWNTs—PSt—PtBMA;C,F 中分散水解产物 MWNTs—PSt—PMA)

此,界面趋向于采取最小表面积,分散性更好的 MWNTs—PSt—PMA 对表面张力的影响最大,出现椭球形液滴。

图 5 - 18C 中少量氯仿和水的体系在 MWNTs—PSt—PMA 分散后,两相出现充分分离的趋势,有望运用到分离富集水和工业废水中的微量杂质的工作中,两亲性聚合物修饰的 MWNTs 类似于表面活性剂在富集杂质中的作用。

调节两相溶剂的体积比例,使相对较多的氯仿处于下层,较少体积的去离子水处于上层,MWNTs,MWNTs—PSt—PtBMA 及水解产物 MWNTs—PSt—PMA 通过超声波振荡分散在上述两相体系中,振荡完成后将体系静止放置待稳定后,手动摇晃后,可以观察到如图 5 - 18 所示的现象。MWNTs 由于相对的亲油性而绝大多数分散在下层的氯仿中,MWNTs—PSt—PtBMA 和 MWNTs—PSt—PMA 几乎完全分散在氯仿和去离子水的两相界面上,但是二者的界面层形貌有差异。分散有 MWNTs—PSt—PtBMA 的界面仍然保持原状,分散有 MWNTs—PSt—PMA 的界面出现如图的形状。这也是由于 MWNTs 的存在增加了氯仿的表面张力,使二者界面趋向于最小表面积,结果是上层的水集中在瓶的四周,验证了前述的预测。

5.4　本章结论

(1) 利用叠氮基与 MWNTs 的反应将通过 ATRP 制备的嵌段共聚物接到 MWNTs 的表面上,通过 FTIR 光谱、XPS 和 Raman 光谱等对修饰前后的产物进行了表征,证明了两亲性嵌段共聚物是以共价键形式结合到 MWNTs 表面上的。

(2) MWNTs—PtBMA—PSt,MWNTs—PSt—PtBMA 表面的

PtBMA 嵌段水解之后得到两亲性嵌段共聚物修饰的碳纳米管 MWNTs—PMA—PSt，MWNTs—PSt—PMA。

（3）通过对 MWNTs 在典型溶剂中的分散稳定性的研究，MWNTs—PSt—PMA 在水中分散稳定，而 MWNTs—PMA—PSt 在有机溶剂氯仿中分散稳定。表明处于外端的嵌段对 MWNTs 分散性起着决定作用。

（4）在透射电镜下观察到 MWNTs—PSt—PtBMA 和 MWNTs—PSt—PMA 在乙醇中呈束状结构，这是因为表面连接的两亲性嵌段共聚物与相对亲油性的 MWNTs 构成 AB 型两亲性分子，在乙醇溶液中组装成胶束。

（5）MWNTs—PSt—PtBMA 和 MWNTs—PSt—PMA 由于两亲性特点均倾向于分布在氯仿/水的界面上，但是 MWNTs—PSt—PMA 由于更大的亲疏平衡比在界面的分散更均匀，并且导致了界面形貌变化，界面层趋向于采取最小表面积。

第 *6* 章

功能化碳纳米管原位改性聚氨酯的研究

6.1 引　　言

要制备性能优异的 CNTs/聚合物复合材料,重要的是在基体中完全分散 CNTs,并创造良好的界面使 CNTs 与基体间具有良好的界面结合力,这样才能将荷载转移到 CNTs 上,并不会发生表面滑动,而起到增强的效果。为了保证 CNTs 在聚合物基体中的良好分散,需要对 CNTs 表面进行修饰,使其连接上与基体相容聚合物;为了增加 CNTs 与聚合物基体间的界面结合力,需要对 CNTs 实施表面功能化,使其连接上特定的基团。

本章为了扩展"叠氮法"在 CNTs 表面化学修饰中作用,利用带有多个羟端基的小分子化合物和低聚物,通过引入叠氮基团后接枝到 MWNTs,保留下来的—OH 赋予 MWNTs 特定的功能性。这种羟基化 MWNTs 可以起到固化剂、扩链剂的作用。在第 2、3 章的研究中发现 MWNTs 中较多的结构缺陷更有利于聚合物的接枝,因此本章选用 MWNTs 进行功能化修饰。带有多个羟端基的小分子化合物和低聚物分别选用了季戊四醇(PE)和聚乙二醇(PEG)。并作为一个应用实例,将制备的羟基化 MWNTs 作为聚氨酯(PU)材料的扩链剂,制备了 MWNTs/PU 复合材料。

将这种带有羟基的 MWNTs 在合成 PU 的过程中加入,一方面羟基与异氰酸酯的作用得到氨基甲酸酯基团的化学键结合的界面;另一方面,表面的聚乙二醇 PEG 及 PE 保证了 MWNTs 在 PU 原材料多元醇组分中均匀分散,最终复合材料力学性能改善更加明显。同时,进行了一组对比试验,在酸化处理的 MWNTs 表面同样引入 PEG 及 PE,得到的羟基化 MWNTs 同样增强改性 PU,对比了两种不同修饰方法对最终复合材料力学性能的影响。

6.2 实验部分

6.2.1 原料

MWNTs:管径 8~15 nm,长度~50 μm,纯度≥90%,中国科学院成都有机化学有限公司生产;

甲苯二异氰酸酯(TDI,分析纯),天津市瑞金特化学品有限公司生产;

脱模剂 HIRI 741(硅酮),上海京东化工原料有限公司生产;

消泡剂 BMC-806,Bergen Materials 公司生产;

叠氮钠(分析纯),上海亨达精细化工有限公司生产;

二氯甲烷(分析纯),乙二醇(EG,化学纯),浓硫酸(分析纯),聚乙二醇(PEG,化学纯,分子量为 2 000),四氢呋喃(THF,分析纯),N,N-二甲基甲酰胺(DMF,分析纯),1,2-二氯苯(DCB,化学纯),季戊四醇(PE,化学纯),冰乙酸(分析纯),氢溴酸(含量>40.0%),甲苯(分析纯),氯化亚砜(化学纯),二甲亚砜(DMSO,分析纯),过氧化氢(含量

30%），硝酸(分析纯)，均购自国药集团化学试剂上海有限公司；

聚氨酯浇注用聚四氟乙烯的模具规格为：模长：长×宽×高＝30 cm×10 cm×3 cm；内腔：长×宽×高＝28 cm×9 cm×2 mm；导流槽宽：2 mm，材质为聚四氟乙烯。

6.2.2　羟基化碳纳米管的制备

本研究采用"叠氮法"分别将 PEG(分子量 2 000)和 PE 接枝到 MWNTs 表面，采用不同的实验制备步骤进行。

1. 聚乙二醇修饰的多壁碳纳米管的制备

(1) 硝酸酯基团封端的聚乙二醇($PEG—ONO_2$)的制备

将 68%的硝酸、98%的硫酸以 1∶1 体积比与预先溶解在二氯甲烷中的一定量 PEG 依次加入 250 ml 的三颈烧瓶中，搅拌并冷却至 0～5℃。在磁力搅拌下反应 3～4 h，温度保持在 5～8℃。反应结束后，将所得反应混合物倒入冰水中，分离出二氯甲烷层后，连续地用水、碳酸氢钠水溶液洗涤多次至中性。向二氯甲烷溶液加入无水 Na_2SO_4 干燥，净置 1 h，过滤，蒸馏除去二氯甲烷后得到 $PEG—ONO_2$。

(2) 叠氮基团封端的聚乙二醇($PEG—N_3$)的制备

将所得到的 $PEG—ONO_2$、一定量的 NaN_3、40 ml DMF、10 ml 去离子水一同置于三颈烧瓶中，其中 $PEG—ONO_2$ 和 NaN_3 的摩尔比为 1∶4(NaN_3过量)。边搅拌加热至 90℃，回流条件下反应 24 h，然后冷却至室温，用 30 ml 二氯甲烷萃取，去离子水洗涤 3 遍，无水 Na_2SO_4 干燥，过滤，蒸馏除去二氯甲烷后得到 $PEG—N_3$。

(3) 聚乙二醇修饰碳纳米管(MWNTs—PEG)的制备

将 250 mg MWNTs 与 $PEG—N_3$ 与一定量的 1,2-二氯苯中放入反应瓶中，抽真空，于 130℃下反应 60 h。冷却至室温，混合物用适量

1,2-二氯苯稀释,超声波振荡 1 h,经 0.2 μm 孔径的聚偏氟乙烯膜过滤。滤饼放入适量的二氯甲烷中洗涤抽滤 3 次,真空干燥即得 MWNTs—PEG。

2. 季戊四醇修饰的多壁碳纳米管的制备

(1) 2,2-二溴甲基-1,3-丙二醇(PB)的合成

在配有磁力搅拌、温度计和回流冷凝器的三口瓶中加入 55 g (0.40 mol)的季戊四醇、200 g 40%(1.0 mol)的氢溴酸溶液和少量冰醋酸,升温至 115℃,回流反应 6~8 h。反应结束后,减压蒸馏脱除水和过量的溴化氢,冷至室温,用碱中和至中性,加 300 ml 等体积的甲苯和水的混合物搅拌处理 3 h。过滤,用热水重结晶,干燥,得 PB。

(2) 2,2-二叠氮甲基-1,3-丙二醇(PA)的合成

向 250 ml 三口瓶中加入 10.0 g(0.039 mol)PB 和 5.04 g(0.078 mol) NaN$_3$,以及 150 ml DMF,升温至 120℃反应 4~5 h。过滤得到一定量的 PA 的 DMF 溶液。

(3) 季戊四醇修饰碳纳米管(MWNTs—PE)的制备

将 250 mg MWNTs 与 PA 的 DMF 溶液放入反应瓶中,抽真空,于 130℃下反应 60 h。冷却至室温,混合物用适量蒸馏水稀释,经 0.2 μm 孔径的聚偏氟乙烯膜过滤。滤饼放入适量的蒸馏水中洗涤抽滤 3 次,真空干燥即得 MWNTs—PE。

6.2.3 聚氨酯样条的制备

1. 纯聚氨酯的制备

(1) 聚乙二醇脱水处理

取一定的 PEG 加入三颈瓶中,在恒温磁力搅拌器的转子搅拌下升温至 110℃,同时另一个口接抽真空装置(T 型三通),用循环水是多

用真空泵对聚乙二醇进行抽真空脱水处理 4~5 h,直至体系不再有气泡冒出,T 型三通壁上不再有小水滴为止。

(2) 称量原料并浇注成型

将 PEG 在保持真空的状态下降温,在温度降至 50℃时倒出,准确计量 28 g,同时称量 10 g TDI(NCO%=1.15% mol/kg),扩链剂乙二醇 1.5 g,在室温下将各种原料混合,充分搅拌均匀,加入消泡剂 2 滴,再次快速混合搅拌均匀,浇注在喷有脱模剂的聚四氟乙烯模具上,混合体系在常温下固化,待固化完全后将弹性体从模具上剥离。

2. 碳纳米管/聚氨酯复合材料的制备方法

取一定量脱水处理后的 PEG,以一定的比例加入未经表面修饰的 MWNTs 或 MWNTs—PEG 或 MWNTs—PE,放入单颈瓶中,在超声波仪中加热到 80℃,超声波振荡适当时间,使 MWNTs 充分分散,同时连接循环水式多用真空泵对体系进行脱水处理。完毕后将已混有 MWNTs 的 PEG 倒出准确计量 28 g,称量 TDI 10 g 和扩链剂乙二醇 1.5 g,并加入消泡剂 2 滴。在室温下,将各种原料混合,充分搅拌均匀后浇注在模具上,在常温下固化,待固化完全后轻轻剥离。

3. 聚氨酯测试样条制备

将固化完全的 PU 薄片用模具和压板硫化机压制出哑铃型 4 号样条进行拉伸性能测试,余下边角料留做 DSC 热分析表征 PU 的微观结构。

6.2.4　测试与表征

元素分析采用 vario EL Ⅲ型元素分析仪(德国 Elementar 公司)测试。

热性能采用 Q100 V 9.4 Build 287 型差示扫描量热仪(DSC)进行测试,保护气体为氮气,升温速度为 5℃/min,温度范围:0~200℃。

PU 弹性体的断裂强度和断裂伸长率的测定按照国标 GB/T528—1998《硫化橡胶或热塑性橡胶——拉伸应力应变性能的测定》进行。测试样条为哑铃型 4 号,测试仪器采用 DXLL—5000 型拉力测试机,上海登杰机器设备有限公司生产。

6.3 结 果 与 讨 论

6.3.1 聚乙二醇前驱体的制备与表征

在二氯甲烷溶剂中,用浓硝酸/浓硫酸混酸硝化聚乙二醇,使一端的—OH 转化为硝酸酯基团,得到硝酸酯基团封端的聚乙二醇,再进一步与 NaN$_3$ 作用,将硝酸酯基团直接转变为—N$_3$,合成出叠氮基封端的聚乙二醇单甲醚。反应过程如下:

$$H(OCH_2CH_2)_n OH \xrightarrow[CH_2Cl_2]{HNO_3/H_2SO_4} H(OCH_2CH_2)_n ONO_2 \qquad (I)$$

$$H(OCH_2CH_2)_n ONO_2 \xrightarrow[DMF/H_2O]{NaN_3} H(OCH_2CH_2)_n N_3 \qquad (II)$$

为了控制 PEG 分子端基基团中硝酸酯基与的羟基合适的比例,保证 PEG 的一端引入一个硝酸酯基,而另一端的羟基尽量保留下来,以利于后续的反应进行。我们选取了 4 个比例的硝酸与 PEG 的用量,在 5 种条件下对 PEG 进行硝酸酯化反应,对得到的样品做元素分析,结果如表 6-1 所示:

表 6 - 1　硝酸酯化 PEG 的元素分析结果

序　号	硝酸与 PEG 的摩尔比	硝酸酯化反应时间/h	C元素含量	H元素含量
1	2∶1	2	51.81%	8.79%
2	2∶1	4	45.70%	8.08%
3	1∶1	4	52.85%	8.89%
4	1∶2	4	53.14%	9.03%
5	1∶3	4	53.25%	9.05%

在纯的 PEG(分子量 2 000)中,C 元素含量＝54.54%,H 元素含量＝9.09%。如果每个 PEG 分子的一端羟基被硝酸酯化,即得到一端硝酸酯基团封端的聚乙二醇,分子式为:$H(OCH_2CH_2)_nONO_2$,此为理想化状况,C 元素含量＝52.95%,H 元素含量＝8.82%;如果 PEG 的两端均被硝酸酯化时,分子式为:$O_2N(OCH_2CH_2)_nONO_2$,此时 C 元素含量＝51.90%,H 元素含量＝8.65%。

硝酸酯基的引入使 5 种样品中的 C 元素和 H 元素的含量均有所降低,其中 3 号样品,相对于其他样品,最接近理想状况。本实验选择硝酸基与聚乙二醇中羟基的摩尔比例为 1∶1,酯化反应时间为 4 h。

通过上述反应(Ⅰ)得到 PEG 一端的—OH 被转化为—ONO_2。对比聚乙二醇硝酸酯化反应前后的红外光谱图(图 6 - 1)对比可以观察到,由于—ONO_2 的引入,出现了其特征吸收峰,1 629 cm^{-1} 为—NO_2 的不对称伸缩振动峰。端—OH 对应的 3 404 cm^{-1} 处的弱而宽的伸缩振动峰减弱,证明—OH 并非完全转化为—ONO_2。保留的—OH 可以与异氰酸酯基团作用,在碳纳米管与基体间形成化学键界面结合。另外,2 881 cm^{-1} 处为—CH_2 对称伸缩振动峰,1 465 cm^{-1} 处为—CH_2 反对称伸缩峰,1 105 cm^{-1} 为 C—O 的伸缩振动峰,C—O 键极性很强,故吸收峰很大。947 cm^{-1} 为 C—O—C 伸缩振动峰。

通过上述反应（Ⅱ），PEG—ONO₂ 与 NaN₃ 进行叠氮化反应后，与 PEG—ONO₂ 的红外光谱相比，PEG—N₃ 的红外光谱（图 6-1）存在明显不同，出现了 2 098 cm⁻¹ 对应的—N₃ 峰，而原来 1 629 cm⁻¹ 对应的 —NO₂ 的不对称伸缩振动峰明显减弱到很小，证明—N₃ 基团成功的置换到 PEG 的端部。

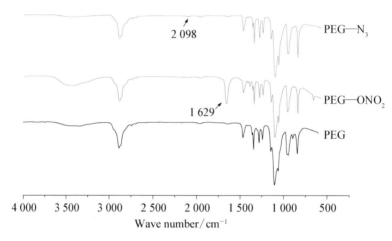

图 6-1 PEG、PEG—ONO₂ 及 PEG—N₃ 的红外光谱

6.3.2 季戊四醇前驱体的制备与表征

PE 修饰的 MWNTs 合成方程式示意如下：

$$\begin{array}{c} \text{CH}_2\text{OH} \\ | \\ \text{HOCH}_2 - \text{C} - \text{CH}_2\text{OH} \\ | \\ \text{CH}_2\text{OH} \end{array} \xrightarrow{\text{HBr}} \begin{array}{c} \text{CH}_2\text{OH} \\ | \\ \text{BrCH}_2 - \text{C} - \text{CH}_2\text{Br} \\ | \\ \text{CH}_2\text{OH} \end{array} \xrightarrow{\text{NaN}_3}$$

$$\begin{array}{c} \text{CH}_2\text{OH} \\ | \\ \text{N}_3\text{CH}_2 - \text{C} - \text{CH}_2\text{N}_3 \\ | \\ \text{CH}_2\text{OH} \end{array} \xrightarrow{\text{MWNT}} \begin{array}{c} \text{CH}_2\text{OH} \\ | \\ \text{MWNT} - \text{N} - \text{C} - \text{CH}_2\text{N}_3 \\ | \\ \text{CH}_2\text{OH} \end{array}$$

合成 2,2-二溴甲基-1,3-丙二醇所得反应混合物中可能含有未反应的季戊四醇、一溴代物、三溴代物和四溴代物等。2,2-二溴甲基-1,3-丙二醇不溶于冷水和甲苯,而季戊四醇和一溴代物溶于水,三溴代物和四溴代物溶于甲苯。由于溶解性的差异,选择先用等体积的甲苯和水混合物分离合成产物,再用热水重结晶进行纯化。产品的熔点经测定为108~109℃。对所得的固态物质进行 Br 元素分析,Br 含量为 59.18%,而其理论值为 61.06%,故两者基本一致,确定产物为 2,2-二溴甲基-1,3-丙二醇。

2,2-二溴甲基-1,3-丙二醇与 NaN₃ 反应得到 2,2-二叠氮甲基-1,3-丙二醇,红外光谱(图 6-2)显示,2 098 cm⁻¹对应的是—N₃基团的峰,小分子 PE 相比于 PEG—N₃的红外光谱中的—N₃峰来说,强度要大得多,更加尖锐。同时 3 401 cm⁻¹处—OH 的伸缩振动峰很强,说明 2,2-二溴甲基-1,3-丙二醇与 NaN₃ 反应所得产物上保留了大量的羟基。

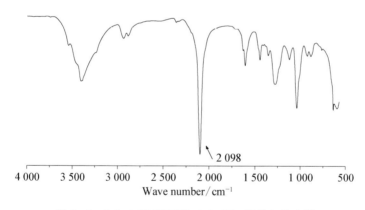

图 6-2　2,2-二叠氮甲基-1,3-丙二醇的红外光谱

6.3.3　羟基化碳纳米管(MWNTs—OH)的表征

MWNTs—PEG 的拉曼光谱图中(图 6-3),ω_d对应的拉曼峰1 320 cm⁻¹的积分范围为 1 000~1 430 cm⁻¹,ω_t对应的拉曼峰 1 570 cm⁻¹的积分范围为 1 500~1 700 cm⁻¹,计算 sp^3 杂化的 C 原子与 sp^2 杂化的碳原子振

动所产生的切向模式吸收带强度比 $I\omega_d/I\omega_t=6.09$。在原来1 590 cm^{-1}处的 sp^2 杂化峰附近(1 604 cm^{-1})出现了一个肩峰,该峰被称为 D$'$峰,当碳纳米管表面结构无序程度提高时,该峰才会被观察到[216]。证明,PEG 通过共价键与碳纳米管表面连接。

MWNTs—PE 的拉曼光谱图中(图 6 - 4),ω_d对应的拉曼峰1 320 cm^{-1}的积分范围为 1 166~1 430 cm^{-1},ω_t对应的拉曼峰 1 570 cm^{-1}的积分范围为 1 500~1 700 cm^{-1},对于纯 MWNTs,C 原子 sp^3 杂化峰与 sp^2 杂

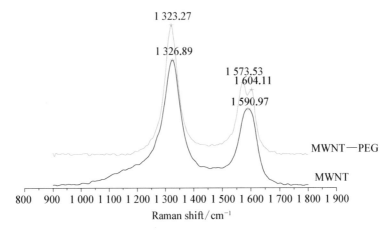

图 6 - 3 MWNTs 经 PEG 修饰前后的拉曼光谱

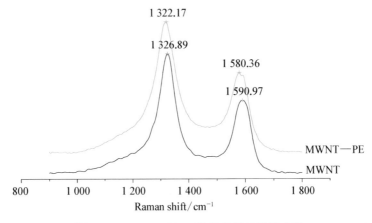

图 6 - 4 MWNTs 经 PE 修饰前后的拉曼光谱

化峰的面积之比=2.02。MWNTs—PE 中的 $I_{\omega d}/I_{\omega t}=2.32$,同样在原来 $1\,590\ \mathrm{cm}^{-1}$ 处的 $sp2$ 杂化峰附近($1\,604\ \mathrm{cm}^{-1}$)出现了一个肩峰,同样证明,PE 通过共价键与碳纳米管表面连接。

图 6-5(A)为纯 MWNTs 的 XPS 全图,纯 MWNTs 中 O1s 轨道电子结合能的强度极小,O/C 原子个数比为 2%。图 6-5(B)是 MWNTs—PEG 的 XPS 图。在 MWNTs—PEG 中,若按 MWNTs—PEG 全部由 C、H、O 组成,而不考虑 H,从 XPS 的结果中得到 C 占 94.21%,O 占 4.97%,N 占 0.82%,即 O/C 原子个数比为 5.275%。MWNTs 表面的 O/C 原子个数比由 2% 提高到 5.275%,这是由于 PEG 的引入产生的。

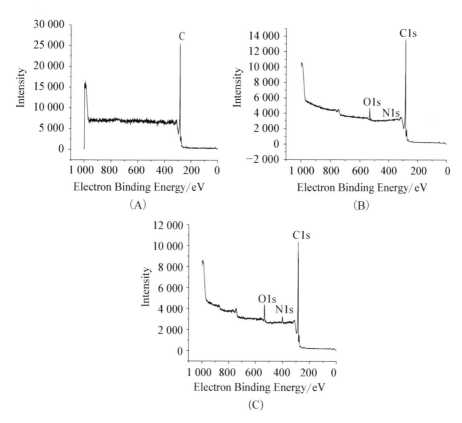

图 6-5　MWNTs(A)、MWNTs—PEG(B)及 MWNTs—PE(C)的 XPS 图

根据 N 元素含量的增加量,可以大致计算 MWNTs 上接枝的 PEG 的含量。MWNTs—PEG 的化学式如下:MWNTs—N—PEG,计算得 PEG 的含量=$2\,000\times0.82\%/14=117\%$,这是不符合现实的。这个结果是由于部分的 PEG 的两端都被叠氮化,即与 MWNTs 形成 MWNTs—N—PEG—N_3 结构导致的。所以总的来说,PEG 的含量≥$29\%(117\%/4)$。

图 6-5(C) 为 MWNTs—PE 的 XPS 图。C 占 89.85%,O 占 6.40%,N 占 3.75%,即 O/C 原子个数比为 7.123%。MWNTs 表面的 O/C 原子个数比由 2% 提高到 7.123%,这是由于 PE 的引入产生的。

同样可计算 PE 的含量为 10.58%,即修饰密度为 98 个碳原子对应一个 PE 分子。

如图 6-6 和图 6-7 所示采用了相同叠氮化方法制备的—N_3 基团封端聚苯乙烯中的 N 原子进行对比,对 N1s 电子结合能进行分析。从谱图中可以看到,MWNTs—PEG 表面的 N1s 电子结合能除了在 401.8 eV 出现较大的电子数目的峰,MWNTs—PE 表面的 N1s 电子结合能除了在 400.4 eV 出现较大的电子数目的峰,其他能量下均比较平坦,而—N_3 基

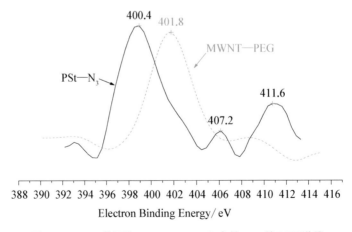

图 6-6　—N_3 基团和 MWNTs—PEG 中的 N1s 的 XPS 谱线

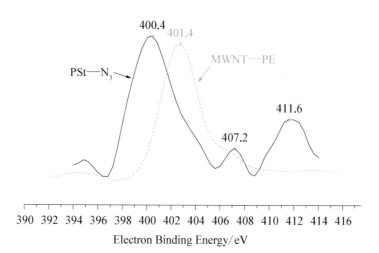

图 6 - 7 —N₃ 基团和 MWNTs—PE 中的 N1s 的 XPS 谱线

团中的 N1s 分别在 400.4、407.2、411.6 eV 处存在较强的峰。这种电子结合能的变化证明了 N 原子所处的化学环境变化了,并且是由—N₃ 基团中的复杂三元态转变为单一电子结合能的状态,即 N 与 MWNTs 表面的碳原子形成了 C—N—C 结构,从而将 PEG 或 PE 以共价键连接到 MWNTs 表面。

6.3.4　利用 DSC 分析碳纳米管/聚氨酯复合材料的微相分离结构

　　PU 大分子主链是由玻璃化温度低于室温的柔性链段(亦称软链段)和玻璃化温度高于室温度的刚性链段(亦称硬链段)嵌段而成的。低聚物多元醇(聚醚、聚酯等)构成软链段,二异氰酸酯和小分子扩链剂(如二胺和二醇)构成硬链段。

　　在微相分离结构内部,硬链段聚集在一起,形成许多微区,分布于软段相中,起到弹性交联点的作用。微相分离程度可以通过差示扫描量热分析图谱的玻璃化转变温度来衡量。

图 6-8(A)(B)分别是纯 PU 和添加了 0.1% 未修饰 MWNTs 的
PU 的 DSC 图。纯 PU 在 54.37℃ 附近有一个宽大的吸热峰,是 PU 中
软段微结晶的熔融峰。因为结晶的不完全,所以峰比较宽,而非尖锐峰。
添加了 0.1% 未修饰 MWNTs 的 PU 在 57.51℃ 附近也有一个宽大的微
晶熔融吸热峰。二者并未出现明显的硬段的玻璃化转变,这说明纯 PU
和添加了未修饰 MWNTs 的 PU 中硬段和软段未很好地分离,微相分
离结构较差。

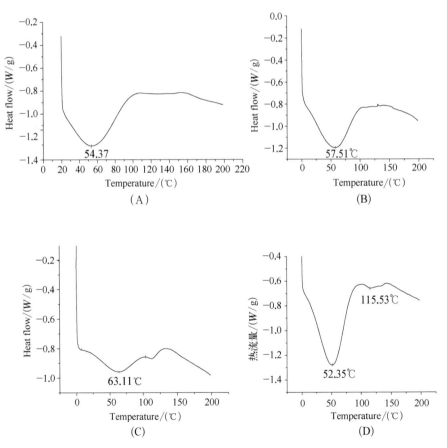

图 6-8 PU(A)、添加 MWNTs(B)、添加 MWNTs—PEG(C)、
添加 MWNTs—PE(D)的 PU 的 DSC 曲线

图6-8(C)为添加了0.1% MWNTs—PEG的PU的DSC图,在63.11℃附近有宽大的软段微晶熔融吸热峰。在130℃附近出现硬段的玻璃化转变。说明了PEG修饰的碳纳米管的加入强化了PU的微相分离结构,DSC中出现了软硬段分相的特征转变温度。同样在添加了0.1% MWNTs—PE的PU的DSC图(图6-8(D))中,除了在52.35℃附近有强度较大的软段微晶熔融吸热峰,在115.5℃附近出现硬段的玻璃化转变。同样说明了PE修饰的碳纳米管的加入使PU的微相分离程度变大。

在聚氨酯浇注的过程中发现,TDI与PEG的反应放出大量的热,反应速度很快,浇注过程的凝固速度很快,而掺加了MWNTs及羟基化MWNTs的体系凝固速度明显变慢。在快速凝固的反应中,硬段相有序化松弛的速度慢,因此硬段相来不及有序密集堆积,离其热力学平衡态甚远。MWNTs的存在,在分子之间起到隔离作用,凝固时间延长,体系凝固时其形态更接近热力学上的平衡态,从而提高软硬段微相分离程度。但是,未经任何处理的MWNTs对软硬段微相分离并没有特别明显的改善,而羟基化MWNTs表面的羟基起到了扩链交联的作用,在所得复合材料中,羟基化MWNTs、二元醇与异氰酸酯共同形成氨基甲酸酯硬段。MWNTs更大程度地限制了硬段自由活动,使硬段更加僵硬从而更容易从软段相中分离,形成硬段微区,强化了微相分离结构,在DSC曲线上,体现为羟基化MWNTs改性的PU出现了软硬段分相的特征转变温度。

6.3.5 羟基化碳纳米管改性聚氨酯的力学性能

PU样条进行拉伸力学性能测试的结果见表6-2。本研究中,每个比例的MWNTs/PU复合材料均有5根左右的样条,表中的断裂强度和断裂伸长率都是取平均值。

表 6-2 PU 及 MWNTs 改性 PU 的力学性能

MWNTs 的种类	与聚乙二醇的 质量比	断裂强度 /MPa	断裂 伸长率
纯 PU	—	1.528	14.16%
MWNTs	0.05%	1.910	16.24%
	0.075%	2.182	18.82%
	0.1%	2.509	29.51%
	0.15%	2.648	40.54%
	0.2%	2.753	45.51%
MWNTs—PEG	0.05%	1.978	19.66%
	0.075%	2.602	25.68%
	0.1%	2.753	37.81%
	0.15%	2.935	44.94%
	0.2%	3.065	55.38%
MWNTs—PE	0.01%	1.656	16.25%
	0.03%	1.739	20.12%
	0.05%	1.965	21.98%
	0.075%	2.631	25.14%
	0.1%	2.834	32.19%

　　PEG 或 PE 修饰的 MWNTs 原位聚合改性 PU,在其表面的羟基与异氰酸酯基团反应时,MWNTs 被连接到了 PU 分子链上。在基体受到外力拉伸时,基体部分可以通过变形将应力传递到 MWNTs 上,MWNTs 可以发挥其优异的力学性能,并且两相之间不会产生大的滑移,从而提高了材料的力学性能。另外一方面,羟基化 MWNTs 充当了扩链交联剂的角色,表面的羟基参与了 PU 的聚合过程,从而可以影响到 PU

硬段微区与软段的相容性,最终影响 PU 的微相分离结构和力学性能。

从表 6-2 中得出结论:在添加了接枝不同基团的 MWNTs 后,PU 的拉伸性能得到了较大提高。以 MWNTs 含量为 0.1% 时为例,添加了未修饰的 MWNTs、PEG 修饰的 MWNTs 和 PE 修饰的 MWNTs 相对于纯的 PU,断裂强度分别提高了 64.2%,80.2%,85.5%。在断裂伸长率方面也有较大提高,分别提高了 108.4%,167.0%,127.3%。

图 6-9 为不同含量的 MWNTs 改性的 PU 的断裂强度与 MWNTs 含量的关系图。对于未修饰的 MWNTs 和羟基化 MWNTs,随着 MWNTs 用量依次增加,PU 的断裂强度依次增大,这体现了 MWNTs 的增强作用。并且,羟基化 MWNTs 与基体间的化学键界面结合力,更好的发挥了 MWNTs 对基体的增强效果。

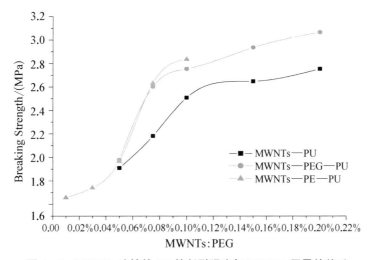

图 6-9　MWNTs 改性的 PU 的断裂强度与 MWNTs 用量的关系

断裂伸长率在一定程度上可以反映材料的韧性。通常在 PU 中引入无机填料,不能同时增强和增韧。在强度提高的同时其断裂伸长率会下降[233]。利用 MWNTs 改性 PU 的独特之处在于,在提高强度的同时,韧性也提高。图 6-10 为不同含量的 MWNTs 改性的 PU 的断裂伸长率与 MWNTs 含量的关系图。随着 MWNTs 量依次增加,PU 的断裂伸长率也依次增大。MWNTs 的加入提高了 PU 的断裂伸长率,这是两方面因素共同作用的结果。一方面,MWNTs 不同于其他无机纳米粒子,其本身为韧性材料。MWNTs 在 PU 基体中起到了"物理交联点"的作用,该"物理交联点"与聚合物分子链"钉锚"一起。因此当体系受到外力作用时,这些"物理交联点"吸收能量,发生塑性形变,并可阻止基体中银纹和剪切带的扩展,使材料的韧性得到改善,并且未处理 MWNTs 和羟基 MWNTs 均起到了增韧作用。另一方面,改性 PU 微相分离结构得到明显改善,在拉伸过程中,软段分子链能够更自由的沿着应力方向进行伸展而不容易被扯断。更明显的强化微相分离的羟基 MWNTs 赋予 PU 更大的断裂伸长率。

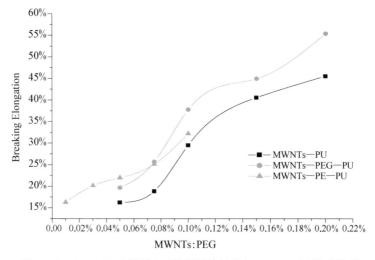

图 6‐10　MWNTs 改性的 PU 的断裂伸长率与 MWNTs 用量的关系

6.3.6　酸处理碳纳米管羟基化产物(a—MWNTs—OH)的表征

作为对比,将 PEG 和 PE 与经强酸处理后并酰氯化的 MWNTs 反应,同样制备了羟基化 MWNTs(a—MWNTs—PEG,a—MWNTs—

PE）。修饰过程如下：

$$\mid \xrightarrow[\text{H}_2\text{SO}_4/\text{H}_2\text{O}_2]{\text{H}_2\text{SO}_4/\text{HNO}_3} \quad \begin{matrix} -\text{COOH} \\ -\text{COOH} \\ -\text{COOH} \end{matrix} \xrightarrow{\text{SOCl}_2} \begin{matrix} -\text{COCl} \\ -\text{COCl} \\ -\text{COCl} \end{matrix} \xrightarrow{\text{PEG}} \begin{matrix} -\text{COO(CH}_2\text{CH}_2\text{O)}_n\text{CH}_2\text{CH}_2\text{OH} \\ -\text{COO(CH}_2\text{CH}_2\text{O)}_n\text{CH}_2\text{CH}_2\text{OH} \\ -\text{COO(CH}_2\text{CH}_2\text{O)}_n\text{CH}_2\text{CH}_2\text{OH} \end{matrix}$$

$$\xrightarrow{\text{PE}} \begin{matrix} -\text{COOH}_2\text{CC(CH}_2\text{OH})_3 \\ -\text{COOH}_2\text{CC(CH}_2\text{OH})_3 \\ -\text{COOH}_2\text{CC(CH}_2\text{OH})_3 \end{matrix}$$

图 6-11 和图 6-12 是未修饰的纯 MWNTs 与本方法制备的羟基化 MWNTs 的拉曼光谱图。无论是 PEG 还是 PE 修饰的 MWNTs，与纯 MWNTs 比较，$I\omega_d/I\omega_t$ 均有相当大程度的提高，并且与前述的"叠氮法"得到的两种 MWNTs—OH 相比，这种拉曼强度比值的提高是非常显著的，这说明，采用酸处理的 MWNTs 进行表面修饰，MWNTs 表面大量的 sp^2 杂化碳原子被转化为 sp^3 杂化的碳原子，表面接枝的修饰物较多，但同时也说明，MWNTs 表面的 sp^2 为主的特定碳环结构遭到更严重的损坏。文献[215]已经报道，强酸处理引入大量缺陷，破坏 MWNTs 侧壁碳原子的 sp^2 杂化 π 键电子的对称性及 sp^2 杂化键超高强度，并且在第 4 章的研究中，酸处理的 MWNTs 接入聚乙二醇单甲醚后在 TEM 下观察到纳米级长度的 MWNTs，甚至表面结构已经完全被破坏。

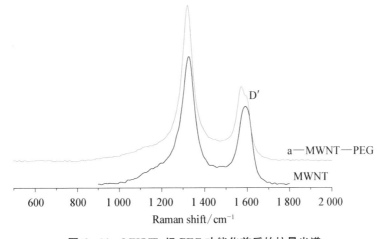

图 6-11　MWNTs 经 PEG 功能化前后的拉曼光谱

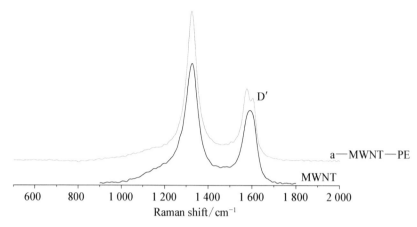

图 6 - 12 MWNTs 经 PE 功能化前后的拉曼光谱

6.3.7 两种不同方法制备的羟基化碳纳米管改性聚氨酯的力学性能比较

选取 MWNTs 的用量为多元醇组分 PEG 的 0.1%,进行了两种不同方法制备的羟基化 MWNTs 改性 PU 对比力学性能测试,除所用羟基化 MWNTs 种类不同,其他材料的种类、用量、操作过程均保持一致。结果见表 6 - 3。

表 6 - 3 两种不同方法制备的羟基化 MWNTs 改性 PU 的拉伸性能比较

羟基化 MWNTs 的种类	断裂强度/MPa	断裂伸长率
—	1.528	14.16%
MWNTs	2.509	29.51%
MWNTs—PEG	2.753	37.81%
a—MWNTs—PEG	2.447	25.56%
MWNTs—PE	2.834	32.19%
a—MWNTs—PE	2.768	39.14%

　　MWNTs 的加入,使得 PU 的断裂强度及断裂伸长率均得到提高,"叠氮法"制备的 MWNTs—PEG 和 MWNTs—PE 改性的 PU 相对于纯的 PU,断裂强度分别提高了 80.2%,85.5%。在断裂伸长率方面也有较大提高,分别提高了 167.0%,127.3%。而"酸化法"制备的 a—MWNTs—PEG 和 a—MWNTs—PE 改性的 PU 相对于纯的 PU,断裂强度分别提高了 60.1%,81.1%。断裂伸长率分别提高 80.5%,176.4%。与未经修饰 MWNTs 相比,"叠氮法"羟基化的 MWNTs 对PU 断裂强度改善程度更大,更明显,而利用"酸化法"接枝了 PEG 的MWNTs 在断裂强度及断裂伸长率的改善方面不如未经处理的MWNTs。总体来看,"叠氮法"制备的羟基化 MWNTs 改性 PU 的拉伸性能优于"酸化法"。

　　从拉曼光谱中,可以推断出来,"酸化法"引入的—OH 含量高于"叠氮法"。如果从界面结合力方面考虑,酸化法得到的 MWNTs 似乎更利于 PU 的增强。但实验结果却相反,同样质量的修饰后产物,"叠氮法"比"酸化法"增强 PU 效果更好。这可能是由于两方面的原因:① 表面高含量的修饰物导致 PU 复合材料中 MWNTs 的实际用量变低,MWNTs 的增强效果不显著。② 石墨烯平面中 sp^2 杂化的碳键是自然界中最强的化学键之一,为了充分利用碳 sp^2 杂化键超高强度的方法之一就是把它们制成使所有基面平行于轴向的纤维,MWNTs 基面中的碳由 sp^2 杂化共价键直接相连、缺陷较少,从结构推断是迄今人类发现的最高强度的纤维。酸化处理导致的 MWNTs 表面碳环 sp^2 完美结构被破坏,增强效果降低。综上所述,如果单从羟基化 MWNTs 的用量及增强效果考虑,"叠氮法"制备得到的羟基化 MWNTs 的增强效果更好,且 PE 作为小分子多羟基化合物,所修饰的 MWNTs—PE 表面的多羟基更利于创造牢固的界面结合。

6.4 本章结论

（1）聚乙二醇和季戊四醇分别通过硝基酯化和溴化最后通过叠氮化反应，将端基的羟基基团部分的转变为可以与 MWNTs 反应的叠氮基团，通过元素分析表明在聚乙二醇和季戊四醇的端基同时存在叠氮基和羟基。

（2）通过叠氮基团与 MWNTs 的环加成反应，将聚乙二醇和季戊四醇接入 MWNTs 表面，利用聚乙二醇和季戊四醇分子端部保留的羟基得到羟基化 MWNTs。

（3）经羟基化 MWNTs 改性的聚氨酯拉伸性能得到了有效提高，添加了未修饰的 MWNTs、聚乙二醇修饰的 MWNTs 和季戊四醇修饰的 MWNTs 的含量均为 0.1％时，相对于纯的聚氨酯，断裂强度分别提高了 64.2％，80.2％，85.5％；断裂伸长率分别提高了 108.4％，167.0％，127.3％。羟基化 MWNTs 对聚氨酯的力学性能更有力。随着 MWNTs 用量的增加，复合材料的断裂强度和断裂伸长率也提高。

（4）DSC 对聚氨酯材料的热学性能表征，体现了羟基化 MWNTs 的加入改善了聚氨酯本身的微相分离结构，这种微相分离程度的强化对拉伸强度及断裂伸长率的提高贡献了一份力量。

（5）相同用量的、经酸化处理过的 MWNTs 制备的羟基化 MWNTs 对聚氨酯的拉伸性能的提高不及叠氮法制备的羟基化 MWNTs。

第7章
总　结

　　本书从 CNTs 的表面化学修饰和表面功能化两方面入手,主要由两大部分构成:第一部分是最主要的研究,探索了一种 CNTs 表面进行化学修饰的方法,即"叠氮法",首先进行了线性聚苯乙烯接入 SWNTs 和 MWNTs,证明了叠氮基团与 CNTs 表面发生的环加成反应在 CNTs 的化学修饰中可以作为一种基本的手段,并进而利用"叠氮法"将超支化聚合物聚对氯甲基苯乙烯、水溶性聚合物聚乙二醇单甲醚、两亲性聚合物聚苯乙烯-聚甲基丙烯酸等具有不同分子结构的聚合物接入 CNTs 表面,通过一系列的测试手段证明聚合物通过共价键与 CNTs 连接,研究了不同结构聚合物对 CNTs 的分散性的影响;第二部分研究中,利用探索出的"叠氮法",在 MWNTs 表面实现了羟基功能化,成功地将聚乙二醇和季戊四醇端基的部分羟基基团引入 MWNTs 表面,将制备的羟基化 MWNTs 用来原位改性聚氨酯材料,通过对比,研究了功能化 MWNTs/聚氨酯复合材料的力学性能及微相分离结构的改善。通过上面的工作,我们可以得到以下结论:

　　(1) 叠氮基团与 CNTs 表面发生环加成化学反应,在高温、长时间的条件下,通过释放一分子 N_2,叠氮基团与 CNTs 形成 C—N—C 的三元环结构,通过这种环结构的共价键,将叠氮基团所属的分子接入

CNTs 的表面。C—N—C 结构的形成可以通过 XPS 分析反应前后的 N 原子的电子结合能由复杂态变为单一态的变化过程来证明。将聚合物的端基引入一定数量的叠氮基团后,可以将聚合物接入 CNTs,实现表面化学修饰或功能化。通过分子设计,利用 ATRP 合成的聚合物端基具有一个卤素原子,与叠氮钠反应后,卤素原子可以成功的置换为叠氮基团,制备得到具有叠氮基封端的聚合物。

(2) 表面聚合物的性质导致 CNTs 对可分散溶剂具有明显的选择性。聚苯乙烯修饰的 CNTs 在氯仿中分散最稳定,而磺化反应后,磺化聚苯乙烯在氯仿中分散性变差,在水中稳定分散;水溶性聚乙二醇单甲醚改善了 CNTs 在水中的分散性;对于两亲性嵌段聚合物修饰的 CNTs,可分散介质的选择性与嵌段在 CNTs 表面的连接顺序有关,处于外端的嵌段对 CNTs 在溶剂中的分散性起着关键作用,MWNTs—PSt—PMA 在水中分散稳定,而 MWNTs—PMA—PSt 在有机溶剂氯仿中分散稳定。这种选择性基本依据"相似相容"原理,可以推广到 CNTs 在聚合物基体中的分散稳定性,在利用 CNTs 的优异而独特的性能改性聚合物材料时,首先需要选择一种与聚合物自身有良好相容性的分子来修饰 CNTs 的表面。

(3) 对修饰后 CNTs 表面的修饰密度的计算表明:对于线性叠氮衍生物,修饰密度随分子量变化而改变;超支化聚合物端基的大量—N_3 基团可以提高—N_3 与 CNTs 表面环加成反应的机会,获得更高的修饰密度。因此,可以通过 CNTs 的具体应用领域,考虑到表面聚合物对 CNTs 本身特有性能的影响程度,有效控制表面聚合物的修饰量。另外,聚合物(低聚物)的聚合度对 CNTs 的修饰密度也有很大影响,对比聚苯乙烯、聚乙二醇单甲醚、季戊四醇的热失重量或拉曼光谱的变化,可以推断出,小分子或低聚物更有利于"叠氮法"修饰 CNTs,修饰密度更高,从而验证了聚合物长链分子的空间效应以及功能基团(—N_3)比率导致了"接入法"接枝密度不高。CNTs 表面特别高的修饰密度未必理想，这种"接入法"仍是一种有效可行的 CNTs 化学修饰方法。

（4）在利用聚乙二醇单甲醚修饰 CNTs 的研究中观察到，"叠氮法"由于直接在 CNTs 表面进行环加成反应，不对表面结构本身产生明显破坏，也不会切断 CNTs，而采用"酸化法"由于强的氧化作用，CNTs 表面完美的 sp^2 杂化结构被严重破坏，并被切断至纳米级长度。通过不同方法得到的羟基化 CNTs 改性聚氨酯的研究，可以推断出："酸化法"对结构的破坏，将会影响修饰后 CNTs 对聚合物基体的增强效果。

（5）经"叠氮法"进行的表面化学修饰的 CNTs 的拉曼光谱中代表 sp^3 杂化的碳原子的 ω_d 与代表 sp^2 杂化的碳原子的 ω_t 峰强度之比 $I\omega_d/I\omega_t$，在 SWNTs 中修饰后由于表面共价键的产生而变大，而在 MWNTs 中 $I\omega_d/I\omega_t$ 的变化趋势并不明显，甚至降低。这是由于 MWNTs 制备过程中残留的无定形炭粒在反应过程中从管表面脱落，由此产生的 ω_d 强度减弱与 sp^2 杂化的碳原子被取代导致的 ω_t 强度增强相互抵消所致。同时，在 ω_t 附近出现的肩峰证明表面的有序性确实降低，即 sp^2 杂化碳原子通过环加成部分的转变为无序的 sp^3 杂化碳原子。

（6）利用羟基化的 MWNTs 原位改性聚氨酯，MWNTs 表面带有的羟基与异氰酸酯作用，使得 MWNTs 与聚氨酯基体之间产生化学键的界面结合，基体可以将应力传递到力学性能优异的 MWNTs 上，并不会产生两相的滑移，从而更大程度地提高了材料的拉伸强度。羟基化 MWNTs 表面的羟基起到了扩链交联的作用，在所得复合材料中，羟基化 MWNTs、二元醇与异氰酸酯共同形成氨基甲酸酯硬段。MWNTs 更大程度的限制了硬段自由活动，使硬段更加僵硬从而更容易从软段相中分离，形成硬段微区，强化了微相分离结构。在 DSC 曲线上，体现为羟基化 MWNTs 改性的聚氨酯出现了软硬段分相的特征转变温度，在力学性能上，体现为更明显的提高聚氨酯的断裂伸长率。

参考文献

［1］ Iijima S. Helical microtubues of graphitic carbon［J］. Nature, 1991, 354
(6348): 56 - 58.

［2］ Chen Y, Huang Z E, Cai R F, et al. Synthesis and characterization of soluble
C60 chemically modified poly(p-bromostyrene)［J］. J Polym Sci. Part A:
Polym Chem, 1996, 34(16): 3297 - 3302.

［3］ Cai R F, Bai X, Chen Y, et al. Preparation and structural characterization of
C70 chemically modified poly(N - vinylcarbazole)［J］. Eur Polym J, 1998,
34(1): 7 - 12.

［4］ Dai L M, Mau A W H, Griesser H J, et al. Grafting of buckminsterfullerene
onto polydiene—a new route to fullerene-containing polymers［J］. J Phys
Chem, 1995, 99(48): 17302 - 17304.

［5］ Lu Z H, Goh S H, Lee S Y. Synthesis of fullerene-containing poly(alkyl
methacrylate)s with narrow polydispersities［J］. Polym Bull, 1997, 39(6):
661 - 667.

［6］ Cahill P A, Rohlfing C M. Theoretical studies of Derivatized buckyballs and
buckytubes［J］. Tetrahedron, 1996, 52 (14): 5247 - 5256.

［7］ Ivanov V, Fonseca A, Nagy J B, et al. Catalytic production and purification
of nanotubes having fullerene-scaled dimeters［J］. Carbon, 1995, 33(12):

1727 – 1738.

［8］ Forrest G A, Alexander A J. A model for the dependence of carbon nanotube length on acid oxidation time[J]. J Phys Chem C, 2007, 111(29): 10792 – 10798.

［9］ Stephenson J J, Hudson J L, Azad S, et al. Individualized single walled carbon nanotubes from bulk material using 96% sulfuric acid as solvent[J]. Chem Mater, 2006, 18(2): 374 – 377.

［10］ Tsang S C, Chen Y K, Green M L H, et al. A simple chemical method of opening and filling carbon nanotubes [J]. Nature, 1994, 372 (6502): 159 – 162.

［11］ Lago R M, Tsang S C, Green M L H, et al. Filling carbon nanotubes with small palladium metal crystallites: the effect of surface acid groups[J]. Chem Commu, 1995, 13: 1355 – 1356.

［12］ Hiura H, Ebbesen T W, Tanigaki K. Opening and purification of carbon nanotubes in high yields[J]. Adv Mater, 1995, 7 (3): 275 – 276.

［13］ Hamon M A, Hu H, Bhowmik P, et al. End-group and defect analysis of soluble single-walled carbon nanotubes [J]. Chem Phys Lett, 2001, 347(1 – 3): 8 – 12.

［14］ Mawhinney D B, Naumenko V, Kuznetsova A. Surface defect site density on single walled carbon nanotubes by titration[J]. Chem Phys Lett, 2000, 324(1 – 3): 213 – 216.

［15］ Monthioux M, Smith B W, Burteaux B, et al. Sensitivity of single-wall carbon nanotubes to chemical processing: an electron microscopy investigation[J]. Carbon, 2001, 39(8): 1251 – 1272.

［16］ Liu J, Rinzler A G, Dai H, et al. Fullerene pipes[J]. Science, 1998, 280, 1253 – 1256.

［17］ Chen Y, Haddon R C, Smalley R E, et al. Chemical attachment of organic functional groups to single-walled carbon nanotube materials[J]. J Mater

Res，1998，13(9)：2423 - 2431.

[18] Chen J, Rao A M, Lyuksyutov S, Itkis M E, et al. Dissolution of full-length single-walled carbon nanotubes[J]. J Phys Chem B, 105(13)：2525 - 2528.

[19] Hamon M A, Chen J, Hu H, et al. Dissolution of single-walled carbon nanotubes[J]. Adv Mater, 1999, 11(10)：834 - 840.

[20] Niyogi S, Hu H, Haddon R C, et al. Chromatographic purification of soluble single-walled carbon nanotubes (s - SWNTs)[J]. J Am Chem Soc, 2001, 123(4)：733 - 734.

[21] Chen J, Hamon M A, Hu H, et al. Solution properties of single-walled carbon nanotubes[J]. Science, 1998, 282：95 - 98.

[22] Chattopadhyay D, Lastella S, Kim S, et al. A route for bulk separation of semiconducting from metallic single-wall carbon nanotubes[J]. J Am Chem Soc, 2002, 124(11)：728 - 729.

[23] Chattopadhyay D, Galeska I, Papadimitrakopoulos F. Length separation of zwitterion-functionalized single wall carbon nanotubes by GPC[J]. J Am Chem Soc, 2003, 125 (5)：3370 - 3374.

[24] Kong J, Dai H. Full and modulated dhemical gating of individual carbon nanotubes by organic amine compounds[J]. J Phys Chem B, 2001, 105(15)：2890 - 2893.

[25] Li B, Kang G, Lian Y, et al. Chemical modification of single-wall carbon nanotube[J]. Chemical Journal of Chinese Universities, 2000, 21(11)：1633 - 1635.

[26] Saito T, Matsushige K, Tanaka K. Chemical treatment and modification of multi-walled carbon nanotubes[J]. Phys B, 2002, 323(1)：280 - 283.

[27] Ogino S I, Sato Yoshinori, Yamamoto Go, et al. Relation of the number of cross-links and mechanical properties of multi-ealled varbon nanotube films formed by a dehydration condensation reaction[J]. J Phys Chem B, 2006,

110(46): 23159 – 23163.

[28] Sun Y, Huang W, Lin Y, et al. Soluble Dendron-functionalized carbon nanotubes: preparation, characterization, and properties[J]. Chem Mater, 2001, 13(9): 2864 – 2869.

[29] Lin Y, Zhou B, Shiral F, et al. Polymeric carbon nanocomposites from carbon nanotubes functionalized with matrix polymer[J]. Macromolecules, 2003, 36(19): 7199 – 7204.

[30] Huang W, Lin Y, Taylor S, et al. Sonication-assisted functionalization and solubilization of carbon nanotubes[J]. Nano Lett, 2002, 2(3): 231 – 234.

[31] Shiral F, Lin Y, Sun Y, et al. High aqueous solubility of functionalized single-walled carbon nanotubes[J]. Langmuir, 2004, 20(11): 4777 – 4778.

[32] Huang W, Fernando S, Lin Y, et al. Preferential solubilization of smaller single-walled carbon nanotubesin sequential functionalization reactions[J]. Langmuir, 2003, 19(17): 7084 –7088.

[33] Zhao C, Ji L, Liu H, et al. Functionalized carbon nanotubes containing isocyanate groups[J]. Journal of Solid State Chemistry, 2004, 177(12): 4394 – 4398.

[34] Lin Y, Rao A, Sadanadan B, et al. Functionalizing multiple-walled carbon nanotubes with aminopolymers[J]. J Phys Chem B, 2002, 106(6): 1294 – 1298.

[35] Urszula D W, Benoit J M, Chiu P W, et al. Chemical functionalization of single walled carbon nanotubes[J]. Curr Appl Phys, 2002, 2(6): 497 – 501.

[36] Kong H, Gao C, Yan D. Controlled functionalization of multiwalled carbon nanotubes by in situ atom transfer radical polymerization[J]. J Am Chem Soc, 2004, 126(2): 412 – 413.

[37] Gao C, Muthukrishnan S, Li W W. Linear and hyperbranched glycopolymer-functionalized carbon nanotubes: synthesis, kinetics, and characterization[J]. Macromolecules, 2007, 40 (6): 1803 – 1815.

[38] Xu Y，Gao C，Kong H，et al. Growing multihydroxyl hyperbranched polymers on the surfaces of carbon nanotubes by in situ ring-opening polymerization[J]. Macromolecules，2004，37(24)：8846 - 8853.

[39] Park M J，Lee J K，Lee B S，et al. Covalent modification of multiwalled carbon nanotubes with imidazolium-based ionic liquids：effect of anions on solubility[J]. Chem Mater，2006，18(6)，1546 - 1551.

[40] Mickelson E T，Chiang C B，Margrave J L，et al. Solvation of fluorinated single-wall carbon nanotubes in alcohol solvents[J]. J Phys Chem B，1999，103(21)：4318 - 4322.

[41] Mickelson E T，Huffman C B，Margrave J L，et al. Fluorination of single-wall carbon nanotubes[J]. Chem Phys Lett，1998，296(1 - 2)：188 - 194.

[42] Khabashesku V，Billups W E，Margrave J I. Fluorination of single-wall carbon nanotubes and subsequent derivatization reactions[J]. Acc Chem Res，2002，35(12)：1087 - 1095.

[43] Gu Z，Peng H，Hauge R H，Smalley R E，et al. Margrave cutting single-wall carbon nanotubes through fluorination[J]. Nano Lett，2002，2(9)：1009 - 1013.

[44] Saini R K，Chiang I W，Peng H Q，et al. Covalent sidewall functionalization of single wall carbon nanotubes[J]. J Am Chem Soc，2003，125(12)：3617 - 3621.

[45] Hattori Y，Kanoh H，Okino F，et al. Direct thermal fluorination of single wall carbon nanohorns[J]. J Phys Chem B，2004，108(28)：9614 - 9618.

[46] Stevens J L，Huang A Y，Peng H Q，et al. Sidewall amino-functionalization of single-walled carbon nanotubes through fluorination and subsequent reactions with terminal diamines[J]. Nano Lett，2003，3(3)：331 - 336.

[47] Saini R K，Chiang I W，Smalley P H，et al. Covalent sidewall functionalization of single wall carbon nanotubes[J]. J Am Chem Soc，2003，125(12)：3617 - 3621.

［48］ Bou P J, Liu J, Mickelson E T, et al. Reversible sidewall functionalization of buckytubes[J]. Chem Phys Lett, 1999, 310(3 - 4): 367 - 372.

［49］ Holzinger M, Vostrowsky O, Hirsch A, et al. Sidewall functionalization of carbon nanotubes[J]. Angew Chem Int Ed, 2001, 40(21): 4002 - 4005.

［50］ Dyke C A, Tour J M. Solvent-free functionalization of carbon nanotubes[J]. J Am Chem Soc, 2003, 125(5): 1156 - 1157.

［51］ Polona Umek, Jin Won Seo, Klara Hernadi, et al. Addition of carbon radicals generated from organic peroxides to dingle wall carbon nanotubes [J]. Chem Mater, 2003, 15(25): 4751 - 4755.

［52］ Wong S S, Joselevich E, Woolley A T, et al. Covalently functionalized nanotubes as nanomctre-sized probes in chemistry and biology[J]. Nature, 1998(6688), 394: 52 - 55.

［53］ Kongkanand A, Kamat Prashan V. Interactions of single wall carbon nanotubes with methyl viologen radicals: quantitative estimation of stored electrons[J]. J Phys Chem C, 2007, 111(26): 9012 - 9015.

［54］ Banerjee S, Wong S S. Demonstration of diameter-selective reactivity in the sidewall ozonation of SWNTs by resonance raman spectroscopy[J]. Nano Lett, 2004, 4(8): 1445 - 1450.

［55］ Nakajima T, Kasamatsu S, Matsuo Y. Synthesis and characterization of fluorinated carbon nanotube[J]. Eur J Solid State Inorg Chem. 1996, 33(39): 831 - 840.

［56］ Hamwi A, Alvergnat H, Bonnamy S, et al. Fluorination of carbon nanotubes[J]. Carbon, 1997, 35(6): 723 - 728.

［57］ Touhara H, Okino F. Advanced inorganic fluorides: Synthesis, characterization and applications[J]. Carbon, 2000, 38(2): 241 -267.

［58］ Yudanov N F, Okotrub A V, Shubin Y V, et al. Fluorination of arc produced carbon material containing multiwall nanotubes[J]. Chem Mater, 2002, 14(4): 1472 - 1476.

[59] Touhara H, Inahara J, Mizuno T, et al. Property control of new forms of carbon materials by fluorination[J]. J Fluor Chem, 2002, 114 (2): 181–188.

[60] Kelly K F, Chiang I W, Mickelson E T, et al. Insight into the mechanism of sidewall functionalization of single walled nanotubes: an STM study[J]. Chem Phys Lett, 1999, 313(3–4): 445–450.

[61] Bettinger H F, Kudin K N, Scuseria G E, et al. Thermochemistry of fluorinated single wall carbon nanotubes[J]. J Am Chem Soc, 2001, 123(51): 12849–12856.

[62] Kudin K N, Bettinger H F, Scuseria G E. Fluorinated (10,10) and (18,0) single-wall carbon nanotubes [J]. Phys Rev. B, 2001, 63 (4): 45413–45420.

[63] Alemany L B, Zhang L, Zeng L L, et al. Solid-state NMR analysis of fluorinated single-walled carbon nanotubes: assessing the extent of fluorination[J]. Chem Mater, 2007, 19(4): 735–744.

[64] Bettinger H F. Experimental and computational investigations of the properties of fluorinated single-walled carbon nanotubes[J]. Chem Phys Chem B, 2003, 4(12): 1283–1289.

[65] Van Lier G, Ewels C P, Zuliani F. Theoretical analysis of fluorine addition to carbon nanotubes: functionalisation routes and addition patterns[J]. J Phys Chem B, 2005, 109(13): 6153–6158.

[66] Root M J. Comparison of fluorofullerenes with carbon monofluorides and fluorinated carbon single wall nanotubes: thermodynamics and electrochemistry[J]. Nano Lett, 2002, 2(5): 541–543.

[67] Jaffe R L. Quantum chemistry study of fullerene and carbon nanotube fluorination[J]. J Phys Chem B, 2003, 107(38): 10378–10388.

[68] Lebedev N G, Zaporotskova I V, Chernozatonskii L A. Fluorination of carbon nanotubes within the molecular cluster method[J]. Microelec Engin,

2003，69(2 - 4)：511 - 518.

[69] Tasis D，Tagmatarchis N，Bianco A，et al. Chemistry of carbon nanotubes
[J]. Chem Rev，2006，106(3)：1105 - 1136.

[70] Mickelson E T，Chiang C B，Margrave J L，et al. Solvation of fluorinated
single-wall carbon nanotubes in alcohol solvents[J]. J Phys Chem B，1999，
103(21)：4318 - 4322.

[71] Mickelson E T，Huffman C B，Margrave J L，et al. Fluorination of single-
wall carbon nanotubes[J]. Chem Phys Lett，1998，296(1 - 2)：188 - 194.

[72] Saini R K，Chiang I W，Smalley P H，et al. Covalent sidewall functionalization
of single wall carbon nanotubes[J]. J Am Chem Soc，2003，125(12)：3617 -
3621.

[73] BouP J，Liu J，Mickelson E T，et al. Reversible sidewall functionalization of
buckytubes[J]. Chem Phys Lett，1999，310(3 - 4)：367 - 372.

[74] Holzinger M，Vostrowsky O，Hirsch A，et al. Sidewall functionalization of
carbon nanotubes[J]. Angew Chem Int Ed，2001，40(21)：4002 - 4005.

[75] Unger E，Graham A，Kreupl F. Electrochemical functionalization of multi-
walled carbon nanotubes for solvation and purification[J]. Curr Appl Phys，
2002，2(2)：107 - 111.

[76] Ni B，Sinnott S B. Chemical functionalization of carbon nanotubes through
energetic radical collisions[J]. Phys Rev B，2000，61(24)：16343 - 16346.

[77] Mylvaganam K，Zhang L C. Nanotube functionalization and polymer
grafting：an ab initio study [J]. J Phys Chem B，2004，108 (39)：
15009 - 15012.

[78] Qin S H，Qin D Q，Ford W T，et al. Solubilization and purification of
single-wall carbon nanotubes in water by in situ radical polymerization of
sodium 4 - styrenesulfonate [J]. Macromolecules，2004，37 (3)：
3965 - 3967.

[79] Umek P，Seo J W，Hernadi K，et al. Addition of carbon radicals generated

from organic peroxides to single wall carbon nanotubes[J]. Chem Mater, 2003, 15(25): 4751 – 4755.

[80] Peng H, Reverdy P, Khabashesku V N, et al. Sidewall Functionalization of Single-Walled Carbon Nanotubes with Organic Peroxides [J]. Chem Commun, 2003, 32(1 – 3): 362 – 363.

[81] Liu M H, Yang Y L, Zhu T, et al. A general approach to chemical modification of single-walled carbon nanotubes with peroxy organic acids and its spplication in polymer grafting[J]. J Phys Chem C, 2007, 111(6): 2379 – 2385.

[82] Holzinger M, Vostrowsky O, Hirsch A, et al. Sidewall functionalization of carbon nanotubes[J]. Angew Chem Int Ed, 2001, 40(21): 4002 – 4005.

[83] Bahr J L, Yang J, Kosynkin D V, et al. Electrochemical reduction of aryl diazonium salts: a bucky paper electrode[J]. J Am Chem Soc, 2001, 123(27): 6536 – 6542.

[84] Dyke C A, Stewart M P, Maya F, et al. Diazonium-based functionalization of carbon nanotubes: XPS and GC – MS analysis and mechanistic implications[J]. Synlett, 2004, 1: 115 – 121.

[85] Marcoux P R, Hapiot P, Betail P, et al. Electrochemical functionalization of nanotube films: growth of aryl chains on single-walled carbon nonotubes[J]. New J Chem, 2004, 28(2): 302 – 307.

[86] Strano M S, Dyke C A, Usrey M L, et al. Electronic structure control of single-walled carbon nanotube functionalization [J]. Science, 2003, 301: 1519.

[87] Strano M S. Probing chiral selective reactions using a revised Kataura plot for the interpretation of single-walled carbon nanotube spectroscopy[J]. J Am Chem Soc, 2003, 125(51): 16148 – 16153.

[88] Dyke C A, Tour J M. Unbundled and highly functionalized carbon nanotubes from aqueous reactions[J]. Nano Lett, 2003, 3(9): 1215 – 1218.

[89] Leventis H C，Wildgoose G G，Davies I G，et al. Multiwalled carbon nanotubes covalently modified with fast black K[J]. Chem Phys Chem, 2005，6(4)：590 – 595.

[90] Bahr J L，Tour J M. Highly functionalized carbon. nanotubes using in situ generated diazonium compounds [J]. Chem Mater，2001，13 (11)： 3823 – 3824.

[91] Mitchell C A，Bahr J L，Arepalli S，et al. Dispersion of functionalized carbon nanotubes in polystyrene[J]. Macromolecules，2002，35(23)：8825 – 8830.

[92] Pham J Q，Mitchell C A，Bahr J L，et al. Glass transition of polymer/ single-walled carbon nanotube composite films[J]. J Polym Sci Part B， 2003，41(24)：3339 – 3345.

[93] Hadjiev V G，Mitchell C A，Arepalli S，et al. Thermal mismatch strains in sidewall functionalized carbon nanotube/polystyrene nanocomposites[J]. J Chem Phys，2005，122(12)：124708. 1 – 6.

[94] Hudson J L，Casavant M J，Tour J M. Water-soluble，exfoliated，nonroping single-wall carbon nanotubes[J]. J Am Chem Soc，2004，126(36)：11158 – 11159.

[95] Kooi S E，Schlecht U，Burghard M，et al. Electrochemical modification of a single carbon nanotube[J]. Angew Chem Int Ed，2002，41(8)：1353 – 1355.

[96] Balasubramanian K，Friedrich M，Jiang C，et al. Electrical transport and confocal Raman studies of electrochemically modified individual carbon nanotubes[J]. Adv Mater，2003，15(8)：1515 – 1518.

[97] Balasubramanian K，Sordan R，Burghard M. A selective electrochemical approach to carbon nanotube field-effect transistors[J]. Nano Lett，2004， 4(5)：827 – 830.

[98] Bahr J L，Yang J P，Kosynkin D V，et al. Functionalization of carbon nanotubes by electrochemical reduction of aryl diazonium salts：a bucky

paper electrode[J]. J Am Chem Soc, 2001, 123(27): 6536 – 6542.

[99] Holzinger M, Steinmetz J, Samaille D, et al. [2+1] cycloaddition for cross-linking SWCNTs[J]. Carbon, 2004, 42(5 – 6): 941 – 947.

[100] Khare B N, Wilhite P, Quinn R C, et al. Functionalization of carbon nanotubes by ammonia glow-discharge: experiments and modeling[J]. J Phys Chem B, 2004, 108(24): 8166 – 8172.

[101] Ruther M G, Frehill F, O'Brien J E, et al. Characterization of covalent functionalized carbon nanotubes[J]. J Phys Chem B, 2004, 108(28): 9665 – 9668.

[102] Chen Y, Haddon R C, Fang S, et al. Chemical attachment of organic functional groups to single- walled carbon nanotube martial[J]. J Mater Res, 1998, 13(9): 2423 – 2431.

[103] Khare B, Wilhite P, Tran B, et al. Functionalization of Carbon Nanotubes via Nitrogen Glow Discharge[J]. J Phys Chem B, 2005, 109(49): 23466 – 23472.

[104] Lee W H, Kim S J, Lee W J, et al. X – ray photoelectron spectroscopic studies of surface modified single-walled carbon nanotube materail[J]. Appl Surf Sci, 2001, 181(1 – 2): 121 – 127.

[105] Kamaras K, Itkis M E, Hu H, et al. Covalent bond formation to a carbon nanotube metal[J]. Science, 2003, 301: 1501 – 1501.

[106] Holzinger M, Abraham J, Whelan P, et al. Sidewall functionalization of carbon nanotubes[J]. Angew Chem Int Ed, 2001, 40(21): 4002 – 4005.

[107] Hirsch A. Functionalization of single-walled carbon nanotubes[J]. Angew Chem Int Ed, 2002, 41(11): 1853 – 1859.

[108] Hirsch A, Vostrowsky O. Functionalization of carbon nanotubes[J]. Top Curr Chem, 2005(1), 245: 193 – 237.

[109] Yumura T, Kertesz M. Cooperative Behaviors in Carbene Additions through Local Modifications of Nanotube Surfaces[J]. Chem Mater, 2007,

19(5)：1028 – 1035.

[110] Coleman K S, Bailey S R, Fogden S, et al. Functionalization of single-walled carbon nanotubes via the bingel reaction[J]. J Am Chem Soc, 2003, 125(29)：8722 – 8723.

[111] Tomokazu Umeyama, Noriyasu Tezuka, Mitsuru Fujita, et al. Retention of intrinsic electronic properties of soluble single-walled carbon nanotubes, after a aignificant degree of sidewall functionalization by the Bingel Reaction [J]. J Phys Chem C, 2007, 111(27)：9734 – 9741.

[112] Georgakilas V, Kordatos K, Prato M, et al. Organic functionalization of carbon nanotubes[J]. J Am Chem Soc, 2002, 124(5)：760 – 761.

[113] Tagmatarchis N, Proto M. Functionalization of carbon nanotubes via 1,3 – dipolar cycloadditions[J]. J Mater Chem, 2004,14(4)：437 – 439.

[114] Julio D, Amparo E, Consuelo J M, et al. A novel generation of an o-quinone methide from 2 – (2' – cyclohexenyl) phenol by excited state intramolecular proton transfer and subsequent C—C fragmentation[J]. Chem Commun, 2002, 22：2636 – 2637.

[115] Campidelli Ste' phane, Sooambar Chloe, Diz Lozano Enrique, et al. Dendrimer-functionalized single-wall carbon nanotubes：synthesis, characterization, and photoinduced dlectron transfer[J]. J Am Chem Soc, 2006, 128(38)：12545 – 12552.

[116] Dumortier H, Lacotte S, Pastorin G, et al. Functionalized carbon nanotubes are non-cytotoxic and preserve the functionality of primary immune cells[J]. Nano Lett, 2006, 6(7)：1522 – 1528.

[117] Lu X, Tian F, Wang N, et al. Organic functionalization of the sidewalls of carbon nanotubes by Diels-Alder reactions：a theoretical crediction[J]. Org Lett, 2002, 4(24)：4313 – 4315.

[118] Dapprich S, Komaromi I, Byun K S, et al. A new ONIOM implementation in Gaussian 98. Part I. the calculation of energies, gradients, vibrational

frequencies and electric field derivatives[J]. J Mol Struct (Theochem), 1999, 461 - 462(1): 1 - 21.

[119] Viswanathan G, Chakrapani N, Yang H, et al. Single-step in situ synthesis of polymer-grafted single-wall nanotube composites[J]. J Am Chem Soc, 2003, 125 (31): 9258 - 9259.

[120] Wu W, Zhang S, Li Y, et al. PVK - modified single-walled carbon nanotubes with effective photoinduced electron transfer [J]. Macromolecules. 2003, 36(17): 6286 - 6288.

[121] Liu C, Huang H M, Chang C Y, et al. Preparing a styrenic polymer composite containing well-dispersed carbon nanotubes: anionic polymerization of a nanotube-bound p-methylstyrene[J]. Macromolecules, 2004, 37(2): 283 - 287.

[122] Chen S, Shen W, Wu G, et al. A new approach to the functionalization of single-walled carbon nanotubes with both alkyl and carboxyl groups[J]. Chem Phys Lett, 2005, 402(4 - 6): 312 - 317.

[123] Basiuk E V, Monroy-Pelaez M, Puente-Lee, et al. Direct Solvent-Free Amination of Closed-Cap Carbon Nanotubes: A Link to Fullerene Chemistry[J]. Nano Lett, 2004, 4(5): 863 - 866.

[124] Georgakilas V, Gournis D, Karakassides M A, et al. Organic derivatization of single-walled carbon nanotubes by clays and intercalated derivatives[J]. Carbon, 2004, 42(4): 865 - 870.

[125] Tong X, Liu C, Cheng H M, et al. Surface modification of single-walled carbon nanotubes with polyethylene via in situ ziegler-natta polymerization [J]. J Appl Polym Sci, 2004, 92(6): 3697 - 3700.

[126] Pekker S, Salvetat J P, Jakab E, et al. Hydrogenation of carbon nanotubes and graphite in liquid ammonia[J]. J Phys Chem B, 2001, 105(33): 7938 - 7943.

[127] Li R F, Shang Z F, Wang G C, et al. Theoretical investigation on the

hydrogenation of armchair single-walled carbon nanotubes [J]. J Mol Struct. (Theochem), 2003, 635: 203 – 210.

[128] Khare B N, Meyyappan M, Cassell A M, et al. Functionalization of carbon nanotubes using atomic hydrogen from a glow discharge[J]. Nano Lett, 2002, 2(1): 73 – 77.

[129] Khare B N, Meyyappan M, Kralj J, et al. Glow-discharge approach for functionalisation of carbon Nanotubes[J]. Appl Phys Lett, 2002, 81(27): 5237 – 5239.

[130] Kim K S, Bae D J, Kim J R, et al. Modification of electronic structure of a carbon nanotube by hydrogen functionalization [J]. Adv Mater, 2002, 14(24): 1818 – 1821.

[131] Khare B, Meyyappan M, Moore M H, et al. Proton irradiation of carbon nanotubes[J]. Nano Lett, 2003, 3(5): 643 – 646.

[132] Konya Z, Vesselenyi I, Niesz K. Large scale production of short functionalized carbon nanotubes [J]. Chem Phys Lett, 360 (5 – 6): 429 – 435.

[133] Pan H L, Liu L Q, Guo Z X, et al. Carbon nanotubols from Mechanochemical Reaction[J]. Nano Lett, 2003, 3(1): 29 – 32.

[134] Li X, Liu L, Qin Y, et al. C60 modified single-walled carbon nanotubes [J]. Chem Phys Lett, 2003, 377(1): 32 – 36.

[135] Chen Z Y, Ziegler K J, Shaver J. Cutting of Single-Walled Carbon Nanotubes by Ozonolysis [J]. J Phys Chem, 2006, 110 (24): 11624 – 11627.

[136] Benerjee S, Wong S S. Rational sidewall functionalization and purification of single-walled carbon nanotubes by solution-phase ozonolysis[J]. J Phys Chem B, 2002, 106(47): 12144 – 12151.

[137] Banerjee S, Wong S S. Demonstration of diameter-selective reactivity in the sidewall ozonation of SWNTs by resonance raman spectroscopy[J]. Nano

Lett，2004，4(8)：1445 – 1450.

[138] Cai L，Bahr J L，Yao Y，et al. Ozonation of single-walled carbon nanotubes and their assemblies on rigid self-assembled monolayers[J]. Chem Mater，2002，14(10)：4235 – 4241.

[139] Liu C，Huang H M，Chang C Y，et al. Preparing a styrenic polymer composite containing well-dispersed carbon nanotubes：anionic polymerization of a nanotube-bound p-methylstyrene[J]. Macromolecules，2004，37(2)：283 – 287.

[140] Wu W，Zhang S，Li Y，et al. PVK – modified single-walled carbon nanotubes with effective photoinduced electron transfer [J]. Macromolecules，2003，36(17)：6286 – 6288.

[141] Tong X，Liu C，Cheng H M，et al. Surface modification of single-walled carbon nanotubes with polyethylene via in situ ziegler-natta polymerization [J]. J Appl Polym Sci，2004，92(6)：3697 – 3700.

[142] Tagmatarchis N，Georgakilas V，Prato M，et al. Sidewall functionalization of single-walled carbon nanotubes through electrophilic addition[J]. Chem Commun，2002，18：2010 – 2011.

[143] Hong C Y，You Y Z，Pan C Y J. Functionalized multi-walled carbon nanotubes with poly(N –(2 – hydroxypropyl)methacrylamide) by RAFT polymerization[J]. Polym Sci，Part A：Polym Chem，2006，44(8)：2419 – 2427.

[144] Hong C Y，You Y Z，Pan C Y. Synthesis of water-soluble multiwalled carbon nanotubes with grafted temperature-responsive shells by surface RAFT polymerization[J]. Chem Mater 2005，17(9)：2247 – 2254.

[145] Wang G J，Huang S Z，Wang Y，et al. Synthesis of water-soluble single-walled carbon nanotubes by RAFT polymerization[J]. Polymer，2007，48(3)：728 – 733.

[146] Zeng H，Gao C，Yan D. Poly(ε-caprolactone)-functionalized carbon

nanotubes and their biodegradation properties[J]. Adv Funct Mater, 2006, 16(6): 812 - 818.

[147] Buffa F, Hu H, Resasco D E. Side-wall functionalization of single-walled carbon nanotubes with 4 - hydroxymethylaniline followed by polymerization of ε-Caprolactone[J]. Macromolecules, 2005, 38(20): 8258 - 8263.

[148] Lu X, Tian F, Feng Y, et al. Sidewall oxidation and complexation of carbon nanotubes by base-catalyzed cycloadditions of transition metal oxide: a theoretical prediction[J]. Nano Lett, 2002, 2(11): 1325 - 1327.

[149] Cui J, Burghard M, Kern K. Reversible sidewall osmylation of individual carbon nanotubes[J]. Nano Lett, 2003, 3(5): 613 - 615.

[150] Hwang K C. Efficient cleavage of carbon graphene layers by oxidants[J]. Chem Soc Chem Commun, 1995, 13(4): 173 - 174.

[151] Banerjee S, Wong S S. Selective metallic tube reactivity in the solution-phase osmylation of single-walled carbon nanotubes[J]. J Am Chem Soc, 2004, 126(7): 2073 - 2081.

[152] An K H, Park J S, Yang C M, et al. A diameter-selective attack of metallic carbon nanotubes by nitronium ions[J]. J Am Chem Soc, 2005, 127(14): 5196 - 5203.

[153] Nunzi F, Mercuri F, Sgamellotti A, et al. The coordination chemistry of carbon nanotubes: a density functional study through a cluster model approach[J]. J Phys Chem B, 2002, 106(41): 10622 - 10633.

[154] Nunzi F, Mercuri F, De Angelis F, et al. Coordination and haptotropic rearrangement of $Cr(CO)_3$ on (n, 0) nanotube sidewalls: a dynamical density functional study[J]. J Phys Chem B, 2004, 108(17): 5243 - 5249.

[155] Dagani R. Much Ado about Nanotubes[J]. Chem Eng News, 1999, 77(2): 31 - 34.

[156] Coleman J N, Curran S, Dalton A B, et al. Percolation-dominated Conductivity in a Conjugated-polymer-carbon-nanotube Composite[J]. Phys

Rev B，1998，58(12)：7492 – 7495.

[157] Curran S，Ajayan P，Blau W，et al. A composite from poly（m-phenylenecinylene-co-2，5 – dioctoxy-p-phenylenevinylene）and carbon nanotubes：a novel material for molecular optoelectronics[J]. Adv Mater，1998，10(14)：1091 – 1093.

[158] Coleman J N，Dalton A B，Curran S，et al. Phase separation of carbon nanotubes and turbostratic graphite using a functional organic polymer[J]. Adv Mater，2000，12(3)：213 – 215.

[159] Star A，Stoddart J F，Steuerman D，et al. Preparation and properties of polymer-wrapped single-walled carbon nanotubes[J]. Angew Chem Int Ed，2001，40(9)：1721 – 1725.

[160] Gao M，Huang S M，Dai L M，et al. Aligned coaxial nanowires of carbon nanotube sheathed with conducting polymers[J]. Angew Chem Int Ed，2000，39(20)：3664 – 3667.

[161] Huang S M，Mau A W H，Dai L M，et al. Patterned growth and contact transfer of well-aligned carbon nanotubes[J]. J Phys Chem B，1999，103(21)：4223 – 4227.

[162] Huang S M，Mau A W H，Dai L M，et al. Patterned growth of well-aligned carbon nanotubes：a soft-lithographic approach[J]. J Phys Chem B，2000，104(10)：2193 – 2196.

[163] Tang B Z，Xu H Y. Preparation，alignment，and optical properties of soluble poly（phenylacetylene）-wrapped carbon nanotubes[J]. Macromolecules，1999，32(8)：2569 – 2576.

[164] Fan J H，Wan M X，Zhu D B，et al. Synthesis，characterizations，and physical properties of carbon nanotubes coated by conducting polypyrrole[J]. J Appl Poly Sci，1999，74(11)：2605 – 2610.

[165] Fan J H，Wan M X，Zhu D B，et al. Synthesis and properties of carbon nanotube-polypyrrole composites[J]. Synthetic Metals，1999，102（1）：

1266 - 1267.

[166] Chen R J, Zhang Y G, Dai H J, et al. Noncovalent sidewall functionalization of single-walled carbon nanotubes for protein immobilization[J]. J Am Chem Soc, 2001, 123(16): 3838 - 3839.

[167] Liu L Q, Wang T X, Guo Z X, et al. Self-assembly of gold nanoparticles to carbon nanotubes using a thiol-terminated pyrene as interlinker[J]. Chem Phys Lett, 2003, 367(5 - 6): 747 - 752.

[168] Michael J. O'Connell, Peter B, et al. Reversible water solubilization of single-walled carbon nanotubes by polymer wrapping[J]. Chemical Physics Letters, 2001, 342(3 - 4): 265 -271.

[169] Star A, Stoddart J, Steuerman D, et al. Preparation and properties of polymer-wrapped single-walled carbon nanotubes[J]. Angew Chem Int Ed. 2001, 40(9): 1721 - 1725.

[170] Grossiord N, Miltner H E, Loos J, et al. On the crucial role of wetting in the preparation of conductive polystyrene-varbon nanotube composites[J]. Chem Mater, 2007, 19(15): 3787 - 3792.

[171] Zhang D, Kandadai M A, Cech J, et al. Poly(L - lactide)(PLLA)/ Multiwalled carbon nanotube composite: characterization and biocompatibility evaluation[J]. J Phys Chem B, 2006, 110(26): 12910 - 12915.

[172] Grossiord N, Miltner H E, Loos J, et al. On the crucial role of wetting in the preparation of conductive polystyrene-carbon nanotube composites[J]. Chem Mater, 2007, 19(15): 3787 - 3792.

[173] Blumberg H, Karger - Kocsis J, Hoecker F. Modified polyester resins for natural fibre composites[J]. Composites Science and Technology, 1995, 54(3): 317 - 327.

[174] Shofner M L, Khabashesku V N, Barrere E V. Processing and mechanical properties of fluorinated single-walled carbon nanotube-polyethylene composites[J]. Chem Mater, 2006, 18(4): 906 - 913.

[175] Kuila B K, Malik S, Batabyal S K, et al. In-situ synthesis of soluble poly (3 - hexylthiophene)/Multiwalled carbon nanotube composite: morphology, structure, and conductivity[J]. Macromolecules, 2007, 40(2): 278 - 287.

[176] Xie L, Xu F, Qiu F, et al. Single-walled carbon nanotubes functionalized with high bonding density of polymer layers and enhanced mechanical properties of composites[J]. Macromolecules, 2007, 40(9): 3296 - 3305.

[177] Gojny F H, Schulte K. Functionalisation effect on the thermo mechanical behaviour of multi-wall carbon nanotube/epoxy-composites[J]. Compos Sci Technol, 2004, 64(15): 2303 - 2308.

[178] Weiss V, Thiruvengadathan R, Regev O. Preparation and Characterization of a carbon nanotube-lyotropic liquid crystal composite[J]. Langmuir, 2006, 22(3): 854 - 856.

[179] Bekyarova E, Thosetenson E T, Yu A, et al. Multiscale carbon nanotube-carbon fiber reinforcement for advanced epoxy composites[J]. Langmuir, 2007, 23(7): 3970 - 3974.

[180] Chen Q, Bin Y, Matsuo M. Characteristics of ethylene-methyl methacrylate copolymer and ultrahigh molecular weight polyehtylene composite filled with multiwall carbon nanotubes prepared by gelation/crystallization from solutions[J]. Macromolecules, 2006, 39(19): 6528 - 6536.

[181] 李俊贤. 塑料工业手册(聚氨酯)[M]. 北京: 化学工业出版社, 1999.

[182] 邹德荣. 纳米 $CaCO_3$ 对聚烯烃聚氨酯弹性体性能影响[J]. 聚氨酯工业, 2002, 17(3): 14 - 17.

[183] 许海燕. 聚氨酯基纳米碳复合材料表面的血液相容性研究[J]. 中国医学科学院学报, 2002, 24(2): 114 - 117.

[184] Yoshihiro O, Yoshiki H, Fumio Y. Urethane/acrylic composite polymer emulsions[J]. Progress in Organic Coatings. 1996, 29(4): 175 - 182.

[185] Furtado C A, de Souza P P, et al. Electrochemical behavior of polyurethane ether electrolytes/carbon black composites and application to double layer

capacitor[J]. Electrochimica Acta，2001，46(10－11)：1629－1634.

[186] Shi G C，Ji W H，et al. Gas sensitivity of carbon black/waterborne polyurethane composites[J]. Carbon，2004，42(3)：645－651.

[187] 鹿海军,马晓燕等. 炭黑填充热塑性聚氨酯弹性体混炼工艺的研究[J]. 橡胶工业,2002,49(11)：685－688.

[188] 原津萍,梁志杰,陈成. 纳米金刚石粉胶粘剂性能的初步研究[J]. 粘接,1999,20(1)：1－2.

[189] Kuang L，Chen Q Y，et al. Fullerene-containing polyurethane films with large ultrafast nonresonant third-order nonlinearity at telecommunication wavelengths[J]. J Am Chem Soc，2003，125(45)：13648－13649.

[190] Ma C C，Huang Y L，Kuan H C. Preparation and electro magnetic interference shielding characteristics of novel carbon-nanotube/ siloxane/ poly-(urea urethane) nanocomposites[J]. Journal of Polymer Science，B：Polymer Physics，2005，43(4)：345－358.

[191] Zhu J，Kim J D，Peng H Q，et al. Improving the dispersion and integration of single-walled carbon nanotubes in epoxy composites through functionalization [J]. Nano Lett，2003，3(8)：1107－1113.

[192] Zhu J，Peng H Q，Rodriguez-Macias F，et al. Reinforcing epoxy polymer composites through covalent integration of functionalized nanotubes[J]. Adv Funct Mater，2004，14(7)：643－646.

[193] Gojny F H，Nastalcczyk J，Roslaniec Z，et al. Surface modified multi-walled carbon nanotubes in CNT/ epoxy-composites[J]. Chem Phys Lett，2003，370(5－6)：820－824.

[194] Ding W，Eitan A，Fisher F T，et al. Direct observation of polymer sheathing in carbon nanotube-polycarbonate composites[J]. Nano Lett，2003，3(11)：1593－1597.

[195] Frankland S J V，Caglar A，Brenner D W，et al. Molecular simulation of the influence of chemical cross-links on the shear strength of carbon nanotube-

polymer Interfaces[J]. J Phys Chem B, 2002, 106(12): 3046 – 3048.

[196] Namilae S, Chandra N. Multiscale model to study the effect of interfaces in carbon nanotube-based composites [J]. J Eng Mater Technol, 2005, 127(2): 222 – 232.

[197] Sen R, Zhao B, Perea D, et al. Preparation of single walled carbon nanotube reinforced polystyrene and polyurethane nanofibers and membranes by electrospinning[J]. Nano Lett, 2004, 4 (3): 459 – 464.

[198] Chen W, Tao X M, Liu Y Y. Carbon nanotube-reinforced polyurethane composite fibers[J]. Composites Science and Technology, 2006, 66(15): 3029 – 3034.

[199] Kwon J Y, Kim H D. Preparation and properties of acid-treated multiwalled carbon nanotube/waterborne polyurethane nano composites [J]. J Appl Polym Sci, 2005, 96(3): 595 – 604.

[200] Kwon J Y, Kim H D. Comparison of the properties of waterborne polyurethane/multiwalled carbon nanotube and acid-treated multiwalled carbon nanotube composites prepared by in situ polymerization[J]. Journal of polymer science: Part A: polymer chemistry, 2005, 43 (17): 3973 – 3985.

[201] Jung Y C, Sahoo N G, Cho G W. Polymeric nanocomposites of polyurethane block copolymers and functionalized multi-walled carbon nanotubes as crosslinkers[J]. Macromol Rapid Commun, 2006, 27(2): 126 – 131.

[202] Xu M, Zhang T, Gu B, et al. Synthesis and properties of novel polyurethan-urea/multiwalled carbon nanotube composites[J]. Macromolecules 2006, 39(10): 3540 – 3545.

[203] Liu Z F, Bai G, Huang Y, et al. Microwave absorption of single-walled carbon nanotubes/soluble cross-linked polyurethane composites[J]. J Phys Chem C, 2007, 111(37): 13696 – 13700.

[204] Liu Z F, Bai G, Huang Y, et al. Reflection and absorption contributions to the electromagnetic interference shielding of single-walled carbon nanotube/polyurethane composites[J]. Carbon, 2007, 45(4): 821 - 827.

[205] Xiong J W, Zheng Z, Qin X M, et al. The thermal and mechanical properties of a polyurethane/multi-walled carbon nanotube composite[J]. Carbon, 2006, 44(13): 2701 - 2707.

[206] Xiong J W, Zhou D S, Zheng Z, et al. Fabrication and distribution characteristics of polyurethane/single-walled carbon nanotube composite with anisotropic structure[J]. Polymer, 2006, 47(6): 1763 - 1766.

[207] Li Y H, Huang Y D. The study of collagen immobilization on polyurethane by oxygen plasma treatment to enhance cell adhesion and growth[J]. Surface and Coatings Technology, 2007, 201 (9 - 11): 5124 - 5127.

[208] Norbert Laube, Lisa Kleinen, Jörg Bradenahl, et al. Diamond-like carbon coatings on ureteral sents — a new strategy for decreasing the formation of crystalline bacterial biofilms[J]. Journal of Urology, 2007, 177(5): 1923 - 1927.

[209] Maguire P D, McLaughlin J A, Okpalugo T I T, et al. Mechanical stability, corrosion performance and bioresponse of amorphous diamond-like carbon for medical stents and guidewires [J]. Diamond and Related Materials, 2005, 14(8): 1277 -1288.

[210] Meng J, Kong H, Xu H Y. Improving the blood compatibility of polyurethane using carbon nanotubes as fillers and its implications to cardiovascular surgery[J]. Journal of Biomedical Materials Research Part A, 2005, 74 A(2): 208 - 214.

[211] Liu S Q, Lin B P, Yang X D, et al. Carbon-nanotube-enhanced direct electron -transfer reactivity of hemoglobin immobilized on polyurethane elastomer film[J]. J Phys Chem B, 2007, 111(5): 1182 - 1188.

[212] Averdung J, Mattay J. Exohedral functionalization of [60] fullerene by

[3+2] cycloadditions: Syntheses and chemical properties of triazolino-[60] fullerenes and 1,2-(3,4-dihydro-2H-pyrrolo)-[60] fullerenes[J]. Tetrahedron, 1996, 52(15): 5407-5420.

[213] Schick G, Grosser T, Hirsch A. The transannular bond in 5,6-NCO_2R-bridged monoadducts of [60] fullerene is open[J]. J Chem Soc, Chem commun, 1995, 22: 2289-2290.

[214] Gosney I, Banks M R, Langridge-Smith P R R, et al. Chemical transformations on the [60] fullerene framework via aziridination processes [J]. Synthetic Metals, 1996, 77(1-3): 77-80.

[215] Joanne M H, Megan A H, Todd D K. Attachment of single CdSe nanocrystals to individual single-walled carbon nanotubes[J]. Nano lett, 2002, 2(11): 1253-1255.

[216] Jorio A, Pimenta M A, Souza Filho A G, et al. Characterizing carbon nanotube samples with resonance Raman scattering[J]. N J Phys, 2003, 5: 139.1-17.

[217] Kim Y H. Hyperbranched polymers 10 years after. J Polym Sci Part A: Polym Chem, 1998, 36(11): 1685-1698.

[218] 宁萌,黄鹏程. 超支化高分子研究进展[J]. 高分子材料科学与工程, 2002, 18(6): 11-15.

[219] Féchet J M J, Henmi M, Gitsov I. Self-condensing vinyl polymerization: An approach to dendritic materials[J]. Science, 1995, 269(5227): 1080-1083.

[220] 严瑞瑄. 水溶性高分子[M]. 北京: 化学工业出版社, 1998: 84-88.

[221] Yin M, Habicher W D, Voit B. Preparation of functional poly (acrylates and methacrylates) and block copolymers formation based on polystyrene macroinitiator by ATRP[J]. Polymer, 2005, 46(10): 3215-3222.

[222] Carine Burguière, Christophe Chassenieux, Bernadette Charleux. Characterization of aqueous micellar solutions of amphiphilic block

copolymers of poly(acrylic acid)and polystyrene prepared via ATRP. toward the control of the number of particles in emulsion polymerization[J]. Polymer，2003，4(3)：509 - 518.

[223] Hamon M A，Hu H，Bhowmik P，et al. End-group and defect analysis of soluble single-walled carbon nanotubes[J]. Chem Phys Lett，2001，347(1 - 3)：8 - 12.

[224] Monthioux M，Smith B W，Burteaux B，et al. Sensitivity of single-wall carbon nanotubes to chemical processing：an electron microscopy investigation[J]. Carbon，2001，39(8)：1251 - 1272.

[225] Datsyuk Vitaliy，Guerret-Piecourt Christelle，Dagreou Sylvie，et al. Double walled carbon nanotube/polymer composites via in-situ nitroxide mediated polymerisation of amphiphilic block copolymers[J]. Carbon，2005，43(4)：855 - 894.

[226] 华慢,杨伟,薛乔等. 两亲性嵌段共聚物 PS—b—PMAA 的合成与胶束化行为研究[J]. 化学学报,2005,63(7)：631 - 636.

[227] Zhang L，Barlow R J，Eisenberg A. Scaling Relations and Coronal Dimensions in Aqueous Block Polyelectrolyte Micelles [J]. Macromolecules，1995，28(18)：6055 - 6066.

[228] Zhang L，Yu K，Eisenberg A. Ion-Induced morphological changes in "Crew-Cut" aggregates of amphiphilic block copolymers[J]. Science，1996，272：1777 - 1779.

[229] Zhang L，Eisenberg A. Multiple morphologies of "Crew-Cut" aggregates of polystyrene-b-poly (acrylic acid) block copolymers[J]. Science，1995，268：1728 - 1731.

[230] Zhang L，Eisenberg A. Multiple morphologies and characteristics of crew-cut micelle-like aggregates of polystyrene-b-poly (acrylic acid) block copolymers in aqueous solutions[J]. J Am Chem Soc，1996，118(13)：2168 - 3181.

[231] Zhang L，Eisenberg A. Formation of crew-cut aggregates of various morphologies from amphiphilic block copolymers in solution. Polym Adv Technol[J]. 1998，9(10-11)：677-699.

[232] 柯扬船,皮特·斯壮.聚合物-无机纳米复合材料[M].北京：化学工业出版社,2002：3.

[233] Skoulidas A I，AeKerman D M，Johnson J K，et al. Rapid transport of gases in carbon nanotubes[J]. Phys Rev Lett，2002，89(18)，185901. 1-4.

后 记

在同济大学度过了近八年的学习生涯,以奉上此书的形式告别美丽的校园和敬爱的老师,难掩内心纷飞的思绪,借此片纸,小结一下我的科研工作和硕博生活。

同济,"同舟共济,自强不息"。我很庆幸,青春岁月中的大段时光是在同济度过的,可以自豪地说,我拥有一个响亮的名字:"同济人"。八年的时光,我见证了母校迈进第二个百年的辉煌,严谨求实的学风、百家争鸣的氛围、众多的学术讲座和交流活动,令我陶醉其中、感慨万千,使我如同一棵小树置身于宽广的学术高地,其影响非只言片语所能倾诉。

对高分子材料研究所我拥有最深厚的感情,她良好的科研条件和优秀的学术梯队,在这里我逐渐的积累了知识,培养了能力,也是在这里我感受了来自导师、全体老师的教导及关怀,来自同门的友情及启发。

我有幸师从王国建教授,从本科到硕博,在他的引领和督促下,我一步步地走进了高分子材料的殿堂,从事了广泛的研究工作。王老师渊博的学识、严谨治学的态度、高屋建瓴地描述事物现象和把握事物本质的学术造诣将会继续鞭策我不断学习进步,使我受益终身。我汇集点点滴滴的工作砌筑成此书,其中蕴涵了导师的诸多心血,在此谨向恩师致以真挚的敬意和感谢!

感谢许乾慰老师、刘琳老师、钟世云老师、李岩老师、邱军老师、徐小燕老师和李文峰老师,他们的帮助亦凝聚在此书中。和诸位老师多年来的共同探讨和交流丰富了我的理论知识、开拓了我的视野,在此表示诚挚的谢意!

同时,有幸结识许多同学。大家真挚的友情、求知的诚挚、热烈讨论中的相互启发、生活中的关心与帮助伴随着我的求学生活。在此列出他们的名字:好友高堂铃、师姐屈泽华、沙海祥、苏楠楠、倪永、苌璐、王艳春、陈志梅、王青、黄艳霞、叶盛、刘锋、马志平、邱童、周圣中、李虎、宋潇鹏、余艳、肖世英、刘洋、郭建龙、陶春峰、王长明、黄思浙、姚昌旺、赵彩霞、王瑶、赵磊、李胜利、王可伟、徐伟、葛凯财、鲍磊、席劲、商伟辉、王伟、王丽娟、杨姝、赵兰洁、张黎、陈丽丽、纪振鹏、石全、昌正缅、王冲、戴光宇、陆彬等。

感谢赵彩霞、杨姝、刘跃东同学在本科毕业期间对我工作的协助与支持。感谢材料学院测试中心的各位老师在测试方面给予的大量帮助。

特别感谢我的父母、亲属及周立!他们的理解、支持与无私奉献使我能安心学习,最终完成学业。

董　玥